国家自然科学基金项目（31571600、31271648）
河南省科技创新人才计划项目（114100510008）

钾营养与棉花
质外体氧化还原平衡

张志勇　著

中国农业出版社
北　京

图书在版编目（CIP）数据

钾营养与棉花质外体氧化还原平衡 / 张志勇著. —
北京：中国农业出版社，2020.5
ISBN 978-7-109-26938-5

Ⅰ.①钾… Ⅱ.①张… Ⅲ.①钾—影响—棉花—氧化
还原反应—研究 Ⅳ.①S562

中国版本图书馆 CIP 数据核字（2020）第 099367 号

中国农业出版社出版
地址：北京市朝阳区麦子店街 18 号楼
邮编：100125
责任编辑：国 圆 谢志新 文字编辑：张田萌
版式设计：王 晨 责任校对：吴丽婷
印刷：北京中兴印刷有限公司
版次：2020 年 5 月第 1 版
印次：2020 年 5 月北京第 1 次印刷
发行：新华书店北京发行所
开本：880mm×1230mm 1/32
印张：7
字数：250 千字
定价：60.00 元

目录 ——
MULU

1 绪论 ·········· 1

1.1 钾营养与棉花生长 ·········· 3

1.2 激素调节与钾营养 ·········· 5

1.3 不同钾营养与冠菌素调节下的叶绿素荧光变化 ·········· 10

1.4 质外体汁液提取方法优化 ·········· 10

1.5 氧化还原平衡 ·········· 12

  1.5.1 活性氧的产生 ·········· 12

  1.5.2 活性氧的作用 ·········· 14

  1.5.3 活性氧的清除 ·········· 15

    1.5.3.1 氧化胁迫程度 ·········· 16

    1.5.3.2 抗氧化物酶 ·········· 17

    1.5.3.3 非酶抗氧化物含量及非酶抗氧化能力 ·········· 19

1.6 代谢组 ·········· 22

1.7 蛋白组 ·········· 23

1.8 研究目的与意义 ·········· 24

2 钾营养与冠菌素对棉花生长的调节 ·········· 27

2.1 实验材料与方法 ·········· 29

  2.1.1 实验材料 ·········· 29

    2.1.1.1 培养条件 ·········· 29

2.1.1.2　幼苗培养及处理设计 ·················· 29

　　2.1.2　实验方法 ································ 29

　　　2.1.2.1　根系形态扫描 ···················· 30

　　　2.1.2.2　棉花幼苗根系及叶片鲜重与干重 ······ 30

　　　2.1.2.3　棉花幼苗根系活力 ················ 30

　2.2　实验结果与分析 ·························· 30

　　2.2.1　不同钾营养水平及冠菌素调控低钾水平对根系
　　　　　形态生长的影响 ···················· 30

　　2.2.2　不同钾营养水平及冠菌素调控低钾水平对根系及
　　　　　叶片鲜重与干重的影响 ·············· 32

　　2.2.3　不同钾营养水平及冠菌素调控低钾水平对根系
　　　　　活力的影响 ························ 32

　2.3　讨论与结论 ···························· 34

3　钾营养与冠菌素调节下棉花叶绿素荧光 ·············· 35

　3.1　实验材料与方法 ·························· 37

　　3.1.1　实验材料 ························ 37

　　3.1.2　实验方法 ························ 37

　　　3.1.2.1　子叶叶绿素含量测定 ·············· 37

　　　3.1.2.2　子叶叶绿素荧光测定 ·············· 37

　3.2　实验结果与分析 ·························· 40

　　3.2.1　不同钾营养水平及冠菌素调控低钾水平对子叶叶绿素的
　　　　　影响 ···························· 40

　　3.2.2　不同钾营养水平及冠菌素调控低钾水平对子叶叶绿素
　　　　　荧光的影响 ······················ 40

　　　3.2.2.1　不同钾营养水平及冠菌素调控低钾水平在黑暗条件下
　　　　　　　对子叶 PSⅡ与 PSⅠ叶绿素荧光参数的影响 ·········· 40

　　　3.2.2.2　不同钾营养水平及冠菌素调控低钾水平在半饱和
　　　　　　　光照强度条件下对子叶 PSⅡ与 PSⅠ叶绿素荧光
　　　　　　　拟合参数的影响 ················ 42

3.3　讨论与结论 ·· 43

4　棉花幼苗 AWF 提取方法建立与优化　47

4.1　材料与方法 ·· 49

4.1.1　幼苗培养方法 ·· 49

4.1.2　AWF 分离方法建立与优化 ···················· 49

4.1.2.1　取样方法优化 ······························· 49

4.1.2.2　抽真空条件优化 ··························· 51

4.1.2.3　离心力和离心时间条件优化 ······· 53

4.2　结果与分析 ·· 54

4.2.1　AWF 分离取样方法优化 ························ 54

4.2.1.1　根系 AWF 分离取样方法优化 ···· 54

4.2.1.2　子叶 AWF 分离取样方法优化 ···· 55

4.2.2　AWF 分离抽真空条件优化 ··················· 55

4.2.2.1　样品是否需要抽真空优化 ··········· 55

4.2.2.2　需抽真空的真空条件优化 ··········· 56

4.2.3　AWF 分离离心力和离心时间优化 ········ 57

4.2.3.1　根系 AWF 分离离心力和离心时间优化 ·········· 57

4.2.3.2　子叶 AWF 分离离心力和离心时间优化 ·········· 59

4.3　讨论 ·· 60

4.3.1　AWF 分离时取样组织整体性 ··············· 60

4.3.2　真空渗透-离心法与直接离心法 ············· 60

5　钾营养与棉花 AWF 氧化还原平衡　63

5.1　实验材料与方法 ··· 65

5.1.1　幼苗培养与 AWF 获得方法 ·················· 65

5.1.2　实验方法 ··· 65

5.1.2.1　可溶性蛋白含量和 MDH 酶活性测定 ·········· 65

5.1.2.2　过氧化氢含量测定 ······················· 65

5.1.2.3　超氧阴离子含量测定 ·· 66

　　　　5.1.2.4　氧化胁迫程度指标测定 ·· 68

　　　　5.1.2.5　抗氧化酶活性测定 ·· 71

　　　　5.1.2.6　非酶抗氧化物含量和非酶抗氧化能力测定 ············· 74

　　5.2　结果与分析 ·· 83

　　　5.2.1　AWF 和 SWF 的可溶性蛋白含量之比、MDH 酶

　　　　　　 活性之比 ·· 83

　　　5.2.2　过氧化氢含量 ·· 84

　　　5.2.3　超氧阴离子含量 ·· 86

　　　5.2.4　氧化胁迫程度 ·· 86

　　　5.2.5　抗氧化酶活性 ·· 88

　　　5.2.6　非酶抗氧化物含量和非酶抗氧化能力 ······················· 93

　　　　5.2.6.1　非酶抗氧化物含量 ·· 93

　　　　5.2.6.2　非酶抗氧化能力 ·· 100

　　5.3　讨论与结论 ·· 103

6　钾营养与棉花 AWF 代谢组 ·· 105

　　6.1　实验材料与方法 ··· 107

　　　6.1.1　实验材料 ··· 107

　　　6.1.2　实验方法 ··· 107

　　　　6.1.2.1　样品制备 ··· 107

　　　　6.1.2.2　色谱质谱采集条件 ··· 107

　　　　6.1.2.3　代谢物定性与定量原理 ·· 108

　　6.2　结果与分析 ·· 108

　　　6.2.1　LK 和 LKCOR 处理根系和子叶 AWF 代谢组主成分

　　　　　　 分析 ··· 108

　　　6.2.2　差异代谢物筛选结果 ·· 110

　　　　6.2.2.1　初级代谢物 ·· 110

　　　　6.2.2.2　次级代谢物 ·· 114

　　　　6.2.3　差异代谢物聚类分析 ·························· 115

　　　　6.2.4　差异代谢物数目统计 ·························· 116

　　　　6.2.5　KEGG 通路富集 ····························· 119

　　6.3　讨论与结论 ································· 125

7　钾营养与棉花 AWF 蛋白组 ··················· 129

　　7.1　实验材料与方法 ····························· 131

　　　　7.1.1　实验材料 ·································· 131

　　　　7.1.2　AWF 蛋白组检测方法 ···················· 131

　　　　　7.1.2.1　根系 AWF 纯化 ···················· 131

　　　　　7.1.2.2　蛋白质提取和肽段酶解 ············ 131

　　　　　7.1.2.3　LC‑MS/MS 数据采集 ··············· 132

　　　　　7.1.2.4　蛋白质鉴定和定量分析 ············ 132

　　　　　7.1.2.5　生物信息学分析 ················· 132

　　7.2　不同钾营养水平及冠菌素调控低钾水平对根系
　　　　 AWF 蛋白组的影响 ··················· 133

　　　　7.2.1　实验和生物信息学 ···················· 133

　　　　7.2.2　差异表达蛋白质筛选 ·················· 134

　　　　7.2.3　差异表达蛋白质聚类分析 ············· 136

　　　　7.2.4　差异表达蛋白质 GO 功能富集分析 ······ 136

　　　　7.2.5　差异表达蛋白质 KEGG 通路富集分析 ···· 139

　　7.3　讨论与结论 ································· 141

主要参考文献 ······························· 143

附表 1　LK (0.05mmol・L⁻¹ KCl)/HK (2.5mmol・L⁻¹ KCl),
　　　　棉花根系 AWF 中显著差异代谢物 ·········· 167

附表 2　LKCOR (0.05mmol・L⁻¹ KCl + 10nmol・L⁻¹
　　　　COR)/HK (2.5mmol・L⁻¹ KCl), 棉花根系 AWF 中显著
　　　　差异代谢物 ·························· 175

附表 3　LKCOR（0.05mmol·L^{-1} KCl + 10nmol·L^{-1} COR）/LK
　　　　（0.05mmol·L^{-1} KCl），棉花根系 AWF 中显著
　　　　差异代谢物 ……………………………………… 184

附表 4　LK（0.05mmol·L^{-1} KCl）/HK（2.5mmol·L^{-1} KCl），
　　　　棉花子叶 AWF 中显著差异代谢物 ……………… 193

附表 5　LKCOR（0.05mmol·L^{-1} KCl + 10nmol·L^{-1} COR）/HK
　　　　（2.5mmol·L^{-1} KCl），棉花子叶 AWF 中显著
　　　　差异代谢物 ……………………………………… 199

附表 6　LKCOR（0.05mmol·L^{-1} KCl + 10nmol·L^{-1} COR）/LK
　　　　（0.05mmol·L^{-1} KCl），棉花子叶 AWF 中显著
　　　　差异代谢物 ……………………………………… 207

主要术语中英文对照表 ……………………………………… 213

致谢 ………………………………………………………… 215

1 绪 论

1.1 钾营养与棉花生长

棉花是喜钾作物，对钾的需求量很高，但是棉花缺钾目前已成为我国棉花生产的主要限制因素，迫切需要解决棉花缺钾的问题。钾是植物三大必需营养元素之一，在植物的酶激活、蛋白质合成、渗透调节、物质代谢、光合作用、平衡阴阳离子、维持质膜电位、根系活力、气孔运动等方面起着重要作用（张志勇 等，2007；Maathuis，2009）。土壤中的钾存在水溶性钾、矿物质钾、交换性钾、非交换性钾等多种形态。近些年土壤普查结果和钾肥实验示范以及大面积推广钾肥的实践说明，我国土壤缺钾情况很普遍（张肇元 等，1984）。

植物的根系是遭遇许多环境胁迫的首要器官。根系的生长发育与钾营养互相影响、关系密切（张志勇 等，2009）。根系作为植物与外界环境进行物质与能量交换的重要器官，通过根尖和根毛的吸收作用和分泌作用改变根系周围土壤的理化、生物性质，从而改变根活力、养分吸收效率和对植物有毒害作用物质的代谢等，对植物在非生物逆境中正常生长发育起到重要作用。熊明彪等（2004）在施氮、磷肥基础上增施钾肥的研究证明，增施钾肥明显提高了冬小麦根系钾含量，使根表面积增大，根系活力和干物质重增加，促进了根系生长，从而改变了根冠比，促使小麦籽粒产量提高。王晓茹（2015）采用水培实验和盆栽实验相结合对6个经缺钾处理的棉花品种进行指标测定，增施钾肥结果表明根系增粗、增长，分布范围变广，根系养分吸收的有效面积增大，从而能获得更多的营养物质来促进植株生长。

叶片是植物进行光合作用的主要场所。叶片作为作物群体发育的重要器官，对作物冠层内的二氧化碳（CO_2）传输、光分布及光合作用起着决定性作用（Li，1997；郭焱 等，1999）。植物自身遗传物质调控叶片的生长和结构变化，具有不同遗传背景的物种叶片性状差异很大（Sultan，2000；Valladares et al.，2000）。温度、水分、光照时间和光照度等外界环境条件会影响植物叶片的生长并改变叶片的性状（Boese et al.，1990；Wright et al.，2004）。例如，植物处在干燥环境中，常通过减少叶面积来减小蒸腾面积，通过增加角质层和上下表皮厚度来降低水分从叶肉细胞扩散至大气的速率，从而降低体内水分的散失速度，提高水分利用效率（Wright et al.，2004；Wang et al.，2011）。温度对植物叶片内的水分状况具有多方面的影响（Atkin et al.，2006）。叶片内外的蒸汽压差随着大气温度的升高而增大，蒸腾速率随之升高；同时，叶片通过增加对蒸腾散失水分的供应和降低水分的散失速率来维持叶片内的水平衡以保证气孔的开放，进而维持一定的光合速率（Ferris et al.，1996；Valladares et al.，2000；Vanhala et al.，2004；Brodribb et al.，2011）。另外，植物会通过增加蒸腾速率，促进水分散失来降低叶片温度，避免大气温度过高对叶片造成伤害（Sultan，2000；Westoby et al.，2006）。

由于叶片生长是由作物自身遗传物质和外部环境因素共同决定的，一旦环境中形成某种胁迫条件，该条件就会对叶片的生长和内在生理状态产生影响，并最终影响作物的生长发育和产量品质。环境因素对作物的生长和发育产生的不利影响，会最终通过影响产量表现出来。全球范围内限制作物生长的主要环境因素有干旱、盐胁迫、营养不平衡和极端温度。据统计，全球只有不到10%的可用耕地可能没有受到以上环境因素的胁迫，干旱和盐胁迫是影响农业生产的最普遍因素（Ashraf et al.，2004）。例如，全球高达45%的农业土地持续或频繁地遭受干旱影响（Bot et al.，2000），超过956万km^2的土地受盐胁迫影响。此外，有19.5%的灌溉农田是盐碱地。全球每年有200万hm^2（约1%）的农业土地因盐碱化而退化，并且导致作物产量下降或绝收（Bernstein，1975；Tanji，1990；Choukrallah et al.，1996）。降水少、地表水分蒸发量大、原生岩石风化、用盐水灌溉和不良的耕作习惯是土壤盐分增加的主要原因。因为灌溉用水质量变差，导致次生盐碱化的加剧，而使曾经具有生产力的农业土地变得不适合耕种。极端温度加剧了包括干旱和盐胁迫等对作物生长和产量的不利影响。例如，干旱对全球 40%的灌溉种植区的粮食产量和品质产生不利影响。全球变暖对发展中国家的影响程度更大，从而导致粮食安全问题增加（Fisher et al.，1990）。季节性的冷胁迫与干旱胁迫有相似之处，因为当水结冰时植物会面临液态水的短缺。

钾缺乏会引起植物形态、生理及生化等多方面的反应（Hafsi et al.，2014）。如降低植物叶片的渗透势，减少叶片光合面积和降低光合利用效率，引起植物大小与高度的变化（Pettigrew et al.，1997）。王晓光等（2010）研究发现，钾缺乏会引起大豆叶片膜脂过氧化程度增强，丙二醛（MDA）含量增加，同时激发大豆叶片中超氧化物歧化酶（SOD）、过氧化氢酶（CAT）和过氧化物酶（POD）等保护性酶活性。乔建磊等（2011）认为，低钾胁迫下马铃薯叶片的叶绿素 a、叶绿素 b 和类胡萝卜素的含量显著下降，可变荧光（Fv）、光系统 Ⅱ（PSⅡ）光化学效率和潜在活性、叶片净光合速率、叶片的表观量子效率及表观最大光合速率均有所下降。钾缺乏减弱了拟南芥中与硝酸盐运输相关基因的表达（Armengaud et al.，2004）。研究表明，钾缺乏使棉花根系中的游离生长素含量减少了约 50%，使乙烯释放量提高了将近 6 倍（张志勇 等，2009）；钾缺乏还降低了棉花中硝酸还原酶活性并减少了蛋白质含量，增加了氨基酸含量，并且破坏了棉花叶片叶绿体的超微结构，抑制了叶绿体的合成，降低了棉花叶片的光合速率和光合产物的转运速率，导致光合产物在叶片中积累（Zhao et al.，2001；Wang et al.，2012）。

1.2 激素调节与钾营养

脱落酸（abscisic acid，ABA）参与植物生长发育的许多过程，如抑制幼苗生长、控制气孔运动、叶片衰老和初生根的生长等，因此被认为是响应干旱、盐胁迫、高温和强光等非生物胁迫的主要调控因子（Sharp et al.，2004；Daszkowska‐Golec et al.，2013；

Liang et al.，2014）。同时，茉莉酸（jasmonic acid，JA）、水杨酸（salicylic acid，SA）和油菜素甾醇（brassinosteroid，BR）与ABA相互作用，促进气孔闭合，防止遭遇渗透胁迫时水分流失，诱导叶片衰老，使植物对资源进行重新利用（Hossain et al.，2011；Miura et al.，2013；Qi et al.，2015）。相反地，细胞分裂素（cytokinin，CTK）和植物生长素（auxin，IAA）促进气孔开放，而赤霉素（gibberellin，GA）、CTK和IAA抑制叶片衰老（Daszkowska‐Golec et al.，2013；Jibran et al.，2013）。激动素（kinetin，KT）是一种细胞分裂素，被认为是延缓叶片衰老的主要因子（Kim et al.，2015），而ABA和KT在调控气孔运动和干旱条件下的茎、根生长方面表现出明显的拮抗作用（Sharp et al.，2002；Sharp et al.，2004；Yin et al.，2015）。同样地，ABA在控制淹水反应方面也能与KT拮抗，如侧枝的伸长和不定根的形成（Voesenek et al.，2015）。植物由KT介导的对淹水和遮阳的响应受GA、BR和IAA协同调控（Gommers et al.，2013；van Veen et al.，2013；Pierik et al.，2014；Ayano et al.，2014）。这些发现表明，植物对非生物胁迫的反应是由不同的相互作用的激素网络控制的。

非生物胁迫通常严重损害植物。激素在调控植物生长发育中起着重要作用。激素调控帮助正在遭受非生物胁迫的植物有效地分配有限的资源，将资源优先用于生长以抵抗逆境胁迫，以便增加植物在不利条件下生存下来的可能性（van Dam et al.，2001；Skirycz et al.，2010；Atkinson et al.，2012；Vos et al.，2013）。激素相互作用调节生长最好的例子是JA和GA。JA通过DELLA repressors与GA拮抗调控作物生长。在没有JA的情况下，拟南芥JAZ9结合DELLA蛋白RGA，阻止其抑制促进生长的植物色素相互作用因子3（TFPIF3）。在植物中，JA诱导JAZ降解并延迟GA介导的DELLA蛋白降解，使得DELLA蛋白能够抑制额外的植物生长反应（Yang et al.，2012）。此外，JA与KT通过协同抑制细胞扩张促进因子IAA来延长细胞周期和抑制叶片细胞的扩张。相反，IAA 被认为是 JA 依赖 JA/KT 合成的尼古丁反应抑制因子。然而，IAA 和 JA 协同抑制植物重新生长（Shi et al.，2006；Onkokesung et al.，2010；Noir et al.，2013；Ricardo et al.，2013）。ABA 和 JA 信号在干旱胁迫下也协同抑制植物生长和产量（Harb et al.，2010）。此外，ABA 和 JA 通过与 PYL4 拮抗抑制烟草根中尼古丁的生物合成，但可以增强 PYL4 在叶中的表达，进而控制根对干旱胁迫的代谢反应（Pizzio et al.，2013；Gonzalez - Guzman et al.，2014）。

尽管对激素调节途径及其相互作用有了广泛的了解，但预测植物在生物和非生物双重胁迫下的反应和表型仍然很困难。激素级联放大效应可能以非加性的方式相互作用，其结果可能是增强植物对一种胁迫的耐受性，但对其他胁迫的耐受性（Atkinson et al.，2012；Suzuki et al.，2014；Foyer et al.，2016）。同样，在转录水平上，即使已经明确植物如何对单一胁迫进行响应，但植物对胁迫组合的响应仍是不可预测的（Rasmussen et al.，2013；Atkinson et al.，2013）。干旱、盐胁迫、高温或涝害等非生物胁迫对植物抵抗病原菌侵染和昆虫、草食性动物的采食既有积极的影响，也有消极的影响（Ainsworth，2012；Suzuki et al.，2014；Ramegowda et al.，2015）。例如，JA 和 ABA 在许多胁迫反应中的强协同作用表明，干旱增强了植物的防御反应，使植物在某些情况下增强了对昆虫和草食性动物采食的抗性，但在另一些情况下减弱了植物的防御和抗性（Englishloeb et al.，1997；Huberty et al.，2004；Assmann et al.，2010；Khan et al.，2010；Gutbrodt et al.，2011；Tariq et al.，2013；Nguyen et al.，2016）。

在十字花科植物中，干旱可影响植物挥发性有机化合物（VOCs）的释放，作为一种间接防御手段可增强植物对昆虫采食的抗性（Weldegergis et al.，2015）。干旱诱导 SA 积累，减少了几种 VOCs 的释放，同时也减少了 JA 的积累，这导致油菜蛾偏爱在受干旱胁迫的植株上产卵，并且幼虫与水分充足的植株上的幼虫相比没有差异。ABA 在被昆虫采食的植物中有积累，但在受干旱胁迫的植物中没有积累，这可能是由间歇性的干旱胁迫和复水处理引起的，在复水期，由之前的干旱胁迫诱导 ABA 被分解代谢（Wang et al.，2002）。相比之下，干旱增强了杜鹃花中 ABA 和 JA 的积累，增强了对昆虫幼虫采食的抗性。转录组分析显示，干旱增强了被昆虫采食植物中几种防御性物质的合成反应，如萜类物质和蛋白酶抑制剂的合成（Nguyen et al.，2016）。同样，干旱增加了植物中 ABA 和 JA 的浓度和增强了对豌豆蚜虫采食的抗性（Guo et al.，2015）。因此，ABA 和 JA 信号协同调控了干旱胁迫下植物对生物逆境的防御胁迫。在仙女杯属植物中，ABA 信号是完全激活 VOCs 释放和直接调控 JA 表达的必要条件（Dinh et al.，2013）。当 ABA 分解代谢抑制因子 NaHER1 沉默时，植物对病原菌侵入的抗性和对昆虫采食的防御均减弱。此外，NaHER1 沉默的植物也对干旱敏感，这表明 NaHER1 在两种胁迫反应之间起着重要作用。

有研究表明，植物抗旱性增强的机制可能与 ABA 和 JA 信号的协同作用无关。在玉米中，一种鳞翅目昆虫——玉米根叶甲危害引起叶片中 ABA 和依赖 ABA 的防御基因转录本的水平协同升高，并增强了玉米对鳞翅目昆虫采食的抗性（Erb et al.，2011）。干旱引起的叶片水分损失与诱导 ABA 的表达无关，但与植物对昆虫采食的抗性密切相关。因此，干旱胁迫和病原菌侵染引起的水势变化可能在诱导 ABA 和 JA 独立信号通路中发挥作用，增加植物对昆虫采食的抗性。Lu 等（2015）研究了水稻淹水与根系被昆虫采食之间激素的相互作用。研究表明，根系受昆虫咬伤的激素反应并没有因为淹水而改变。在干旱和昆虫采食条件下，淹水增加了水稻叶片的 ABA 水平，但没有增加 JA 水平，抑制了许多防御相关的初级和次级代谢物质的转录。然而，这些变化并不影响植物对昆虫幼虫采食的抗性（Nguyen et al.，2016）。

根据目前对激素之间相互作用的了解和现有的一些实验研究结果，人们认为，由于 ABA 和 JA 信号的协同作用，干旱总体上可能会增强植物对昆虫采食的抗性。干旱和昆虫采食都显著减弱了植物的性能，但在干旱时期之后出现昆虫采食，两者对植物的负面影响则不仅仅是相加作用（Olivas et al.，2016）。因此，对于遭受干旱胁迫的植物来说，通过增强对昆虫采食的防御能力来减少伤害可能是有效的。需要强调的是，随着植物和昆虫采食程度的不同，植物在干旱胁迫下对昆虫采食抗性的增强程度可能不同（Foyer et al.，2016）。淹水或涝渍诱发乙烯的积累，乙烯与昆虫采食诱导的响应之间的相互作用并不与 ABA 相同。因此，涝害可能对植物的抗性有负面影响。这很可能与被水包围的植物不像在陆地上的植物那样容易遭受更多昆虫的采食有关。因此，如果淹水植物能够通过一定的方式克服缺氧的影响，如产生通气不定根，其生长可能会不受淹水影响，甚至生长更旺盛（Dawood et al.，2016）。

几种逆境胁迫同时发生会严重影响植物的生长，并会引起植物存活率降低或产量下降，同时会损害植物激素的平衡。因此，了解激素之间的相互作用对于准确解析植物在逆境条件下的生长至关重要。

因此，当植物受到非生物逆境胁迫如缺钾时，及时补充钾元素或使用调节剂能消除或缓解缺钾对植物造成的不利影响。适当补钾可以减轻叶片细胞膜损伤和脂质过氧化（LPO）程度及减缓叶绿素的降解速度，显著提高烟草抗旱能力（杨虹琦 等，2003）。SA、茉莉酸甲酯和甜菜碱等外源生长调节剂能增强水稻（庞延军 等，2006）、苜蓿（柳斌 等，2011）、棉花（高雁 等，2011）等的抗逆性。

冠菌素（coronatine，COR）为茉莉酸甲酯的环戊烷结构类似物，是一种类似于 ABA 和 JA 的非寄主特异性植物毒素。COR 会影响植物中的 IAA 水平（Zhang et al.，2009），可以刺激植物产生更多的次级代谢产物，参与植物对干旱、低温、盐胁迫等逆境的调节；具有促进细胞分化、提高叶绿素含量、调控植物生长、抑制细胞衰老等生理功能。研究表明，COR 可以抑制棉花的主根伸长，促进侧根发生，增加根系直径，形成大根系，提高棉花的钾捕获能力（张志勇 等，2007）。COR 能诱导小麦幼苗抵御干旱和低温胁迫（齐付国 等，2006a；李相文 等，2010），诱导玉米、水稻和旱稻抵御干旱（Ai et al.，2008；Wang et al.，2008），同时可以通过增强抗氧化酶的活性来提高棉花叶片清除活性氧的能力，通过增强谷胱甘肽还原酶（GR）的活性减少活性氧的生产，进而增强棉花幼苗对盐胁迫的抗性（Xie et al.，2008）。谢志霞等（2012）认为，COR 通过提高盐胁迫下棉花茉莉酸甲酯的含量增强了抗氧化酶活性，提高了对活性氧的清除能力。ABA、JA 类调节剂价格昂贵，限制了它们在农业生产的大规模使用。但 COR 可以通过生物方法大量生产，成本相对较低（李云玲 等，2014）。

1.3　不同钾营养与冠菌素调节下的叶绿素荧光变化

钾的增加与减少对棉花叶面积、叶绿素含量等的增加和减少有显著影响（马健 等，2009），从而会影响光能吸收面积和光合效率。已经证实，缺钾会导致地下部和地上部器官的生长、光合作用强度、蒸腾作用及叶绿体结构的紊乱（Okanenko et al.，1972）。与对照相比，浓度为 $0.01mol \cdot L^{-1}$ 的 KCl 在分离的南瓜子叶中可使叶绿素含量增加至 165%（每克鲜重）（Knypl，1970）。提高光合作用是作物获得高产的重要基础（国志信，2016），叶绿素荧光作为光合作用研究的探针已被广泛地应用。几乎所有植物的光合作用过程的变化均可通过叶绿素荧光反映出来，而且荧光测定技术不需要破碎细胞，不伤害生物体，因此，通过研究叶绿素荧光来间接研究光合作用的变化是一种简便、快捷、可靠的方法。

1.4　质外体汁液提取方法优化

质外体是细胞膜以外的空间，包括细胞壁和细胞间隙，质外体中流动的液体被称为质外体汁液（apoplastic washing fluid，AWF）（Zhu et al.，2006）。质外体并不是完全连续贯通于细胞壁和细胞间隙植物，在细胞壁发生的木栓质和角质的次生堆积可使质外体不能透水并相互隔离。质外体位于质膜外侧，是感受外界信息和传递外界信号的桥梁，主要由细胞壁和木质部的传输细胞构成。它是水分运输的重要途径，对植物细胞发育有调节作用。质外体中包含蛋白质、代谢物、活性氧、抗氧化酶类等物质。在细胞伸长、分裂和分化以及植物抗逆方面有着不可替代的作用（Parra - Lobato et al.，2009）。

　　常用的质外体汁液提取方法为真空渗透-离心法，即样品先真空渗透，再离心。具体而言，真空渗透-离心法是把根系浸泡在比质外体汁液水势高的缓冲液或蒸馏水中，利用抽真空的方法，把缓冲液或蒸馏水与根系质外体中含有的少量天然汁液混合，随后通过离心的方式把这些汁液甩出来，该回收的液体通常称为 AWF（O'Leary et al.，2014）。但是在获得 AWF 之后，首先需要通过测定其可溶性蛋白含量确定其中是否含有蛋白质，其次要通过测定其细胞膜内含有且细胞膜外不含有的物质指标如苹果酸脱氢酶（MDH）来鉴定获得的 AWF 是否被细胞内的物质污染（Witzel et al.，2011）。细胞膜具有选择透过性，当植物受到逆境胁迫时，细胞膜会被破坏，膜透性增加，从而使电解质外渗，电导率增大（Yan et al.，1998）。林杉等（2002）采用真空灌注-离心法提取蚕豆叶片 AWF，并通过测定质外体汁液与蚕豆叶片提取液中磷酸己糖异构酶活性比值的方法，鉴定出蚕豆叶片 AWF 没有或很少受到细胞质中物质的污染。刘泽军等（2014）利用真空渗透-离心法获得了库尔勒香梨叶片的 AWF，并通过比较叶片质外体汁液获得率、离心后样品与叶片质量比、AWF 纯度，得到库尔勒香梨叶片 AWF 不受细胞内物质污染的获取条件。Delaunois 等（2016）通过优化的真空渗透-离心法，回收适合单向和双向凝胶电泳的葡萄树质外体可溶性蛋白质，用于进一步的蛋白质组学分析，以阐明它们的生理功能。Lohaus 等（2001）对蚕豆、菜豆、甘蓝、豌豆、菠菜、大麦等植物进行水培，然后采用注射器进行真空渗透后再离心，成功提取了它们的 AWF。通过采用不同的抽真空次数、不同浓度的抽真空稀释液，来确定抽真空时间和稀释液体积；通过测定抽真空前后的样品重量变化和稀释因子，来确定每克鲜重可以获得AWF的体积；通过测试样品中受损细胞的污染程度指标，即MDH含量，来确定AWF受污染程度。Yu等（1999）直接利用离心法从羽扇豆和豌豆中离心出AWF，并利用毛细管电泳分析这些AWF，表明AWF的渗透压相对恒定；且通过分析AWF的MDH和其他组分的活性显示AWF无细胞内物质污染。根据研究可知，靛蓝胭脂红是用于AWF稀释因子计算最广泛使用和彻底测试的染料。可测量靛蓝胭脂红稀释度来确定每克根鲜重的AWF含量（O'Leary et al.，2014），其原理是通过测量添加到渗透液体中的标记化合物的稀释度确定AWF稀释因子，若稀释因子为1，则证明AWF并未被稀释，即不需要抽真空。

1.5 氧化还原平衡

1.5.1 活性氧的产生

植物有氧生理代谢和新陈代谢的必然结果是氧化应激。这种特殊形式的代谢导致形成不稳定和活泼的氧中间体，称为活性氧（ROS）（Oliver et al.，2016）。活性氧是一类由氧气（O_2）转化而来的自由基或具有高反应活性的离子或分子，是调节植物生长发育及协调对生物和非生物胁迫反应的关键信号分子。大约在27亿年前，分子氧由不断进化的能进行光合作用的生物体引入环境中，而活性氧一直是有氧生物代谢过程的产物（Halliwell，2006）。有氧呼吸的必然结果是产生活性氧。植物细胞中活性氧的主要来源是具有高氧化代谢活性或高电子流速率的叶绿体、线粒体或过氧化物酶体等细胞器（La et al.，2002；Navrot et al.，2006）。据统计，植物组织中消耗的 O_2 1‰～2‰会形成活性氧。因此，光合作用生物体因其叶绿体包膜中含有大量光敏剂和多不饱和脂肪酸，尤其要面临氧化损伤的风险，以 O_2 作为最终的电子受体，导致细胞内活性氧的形成。植物进行光合作用时，由于其产氧条件及叶绿体类囊体膜中含有光敏物质和多不饱和脂肪酸而特别容易受到氧化损伤。在光照条件下，叶绿体和过氧化物酶体是产生活性氧的主要来源。在黑暗条件，线粒体是产生活性氧的主要部位。据统计，离体线粒体耗氧量的 $1\%\sim5\%$ 用于活性氧的产生（Moller，2001）。植物体内的活性氧主要包括：超氧阴离子（O_2^-）、氢氧根离子（OH^-）、羟基自由基（—OH）、过氧化氢（H_2O_2）等（Ivan et al.，2015）。

在高等植物和藻类中，光合作用发生在叶绿体中，叶绿体是一个类囊体膜系统，它包含捕获光能的场所，并为最佳的光收集提供必需的结构和物质。在叶绿体的光合作用过程中，氧化型烟酰胺腺嘌呤二核苷酸磷酸（NADP）作为与类囊体膜结合的光系统Ⅰ（PSⅠ）的主电子受体被还原，同时 O_2 可接受电子被还原为超氧阴离子，并通过歧化反应生成 H_2O_2。

植物线粒体作为能量工厂被认为是产生 H_2O_2 及其他活性氧的主要场所（Rasmusson et al.，2004）。和动物线粒体不同的是，植物线粒体中存在特定成分及具特定功能的光呼吸过程。植物线粒体中因为存在光呼吸过程，所以是一个富含 O_2 和糖类（蔗糖、葡萄糖和果糖）的独特环境（Noctor et al.，2007）。线粒体内含电子且具有足够的自由能，可以直接还原 O_2 生成超氧阴离子，因此在黑暗条件下或非绿色组织中的线粒体是活性氧的主要来源（Rhoads et al.，2006）。正常情况下线粒体中活性氧是在正常呼吸条件下产生的，但活性氧的产生会在各种生物和非生物胁迫下增强。线粒体的复合体Ⅰ、Ⅲ是产生超氧阴离子的主要场所，超氧阴离子进一步被 SOD 还原为 H_2O_2，在 Fe^{2+} 和 Cu^+ 的还原作用下 H_2O_2 被还原为羟基自由基。通常情况下，H_2O_2 可穿过线粒体膜离开线粒体进入细胞质（Sweetlove et al.，2004；Rhoads et al.，2006）。

非生物胁迫对植物细胞的能量有强烈的影响。植物线粒体可以通过能量耗散系统控制活性氧的生成。因此，线粒体可能在促进细胞对非生物胁迫诱导氧化应激的适应方面发挥重要作用。研究发现，硬粒小麦线粒体的能量耗散系统减少了线粒体活性氧的产生。在遭受高渗胁迫幼苗的线粒体中，活性氧激活了对 ATP 敏感的植物线粒体钾通道和解耦联蛋白的表达，进而减小线粒体膜的电位差，从而减少大规模产生活性氧的机会（Pastore et al.，2007）。研究发现，早期生成的活性氧可阻碍代谢物的转运而影响植物线粒体的功能，从而阻止底物的进一步氧化。烟草的抗旱性线粒体突变体可以被用来研究植物线粒体在调节细胞氧化还原平衡和逆境胁迫的作用（Dutilleul et al.，2003），细胞质雄性不育突变植株在丧失线粒体复合体Ⅰ功能的情况下，还原型烟酰胺腺嘌呤二核苷酸磷酸（NADPH）脱氢酶活性的增加与氧化应激增加无关。复合物Ⅰ功能的丧失揭示了在有效维持整个细胞氧化还原平衡方面，线粒体和其他细胞器之间的联系（Dutilleul et al.，2003）。

叶绿体是植物进行光合作用时产生活性氧的主要场所，各种非生物胁迫，如过度光照、干旱、盐胁迫和 CO_2 限制等，都会促进叶绿体中活性氧的生成。通常情况下，电子从活跃的 NADPH 中被还原出来生成 NADP，然后电子进入卡尔文循环，并还原电子的最终受体 CO_2，当超过电子传递速率时，铁硫蛋白把多余的电子传递给 O_2，并将其还原为超氧阴离子（Elstner，1991）。近期的研究表明，在静息细胞中，叶绿体电子传递链电子泄露并还原 O_2 为超氧阴离子。即使在弱光条件下，光合作用也可以产生 O_2 并在 PSⅡ 中形成超氧阴离子，超氧阴离子经 CuZn - SOD 还原为 H_2O_2（程和平，2009）。

1.5.2 活性氧的作用

H_2O_2 在植物中具有双重作用，活性氧有益或有害取决于它在植物体内的浓度。低浓度的活性氧作为第二信使能在植物细胞信号转导途径中介导多种应答反应，高浓度的活性氧则引起生物大分子的氧化损伤甚至细胞死亡（Quan et al.，2010）。H_2O_2 在衰老（Peng et al.，2005）、光呼吸、光合作用（Noctor et al.，1998）、气孔运动（Bright et al.，2010）、细胞周期（Mittler et al.，2004）和生长发育（Foreman et al.，2003）等一系列生理过程中发挥着重要的调控作用。由于 H_2O_2 寿命相对较长和跨膜通透性较高，通常被人们作为活性氧产生信号的第二信使。在一项研究中，将预先用 H_2O_2（10nmol·L^{-1}，8h）或硝普钠（SNP）（100nmol·L^{-1}，48h）处理过的柑橘培养在 150mmol·L^{-1}NaCl 胁迫的条件下，到第 16 天检测叶片抗氧化防御反应。结果表明，在非盐胁迫条件下，H_2O_2 和 SNP 均促进了叶片中 SOD、CAT、抗坏血酸过氧化物酶（APX）和 GR 酶活性增加。H_2O_2 和 SNP 预处理部分缓解了盐胁迫诱导的氧化胁迫，并且 SNP 在正常和盐胁迫条件下均提高了还原型谷胱甘肽（GSH）的含量。此外，H_2O_2 和 SNP 预处理减少了盐胁迫引起的蛋白质过氧化（Tanou et al.，2009）。

过多的活性氧会对细胞产生严重的影响并最终对 DNA 造成不可逆的损伤，从而对细胞结构造成严重的破坏并影响植物的正常生长。由逆境而引起作物体内活性氧的积累是造成全球作物减产的主要原因（Mittler，2002；Tuteja，2007）。活性氧通过破坏核酸、氧化蛋白质和引起脂质过氧化（Foyer et al.，2005）影响细胞的许多功能。重要的是，活性氧是带来损伤还是发挥保护作用，取决于其所处的部位和产生的时间以及活性氧产生和清除之间的平衡。阻止活性氧的毒害作用需要一个大的基因网络，抗氧化物酶和许多抗氧化蛋白质、代谢物均是该网络的组成部分，这也构成了一个复杂的氧化还原体系（Mittler et al.，2004；Singh et al.，2011；Kim et al.，2011）。H_2O_2 对活性氧的水平起决定性作用，其能扰乱氧化还原平衡，使细胞转化为应激状态，导致早衰（Singh et al.，2011）。植物体内活性氧的产生和清除之间的平衡十分重要，由一套有效的酶促-非酶促抗氧化系统控制（张梦如 等，2014）。

1.5.3 活性氧的清除

在正常生长条件下，细胞产生的活性氧分子被多种抗氧化防御机制清除（Foyer et al.，2005）。活性氧的产生和清除会受到各种生物和非生物胁迫因素的干扰，如盐胁迫、紫外线辐射、干旱、重金属、极端温度、营养缺乏、空气污染、除草剂和病原体的侵袭。这些因素使植物体氧化还原平衡发生紊乱，并导致细胞内活性氧水平的突然升高。活性氧不仅能损伤细胞，还能作为信号分子调控新的基因表达。形成活性氧的亚细胞位置对于活性氧功能来说尤其重要，因为活性氧仅在很短的距离扩散并起作用。受逆境胁迫诱导产生并积累的活性氧会被抗氧化酶系统抵消，抗氧化酶系统包括多种抗氧化酶，如 SOD、APX、谷胱甘肽过氧化物酶（GPX）、谷胱甘肽硫转移酶（GST）、CAT 和非酶的低分子代谢物，如抗坏血酸、AsA、GSH、α-生育酚、类胡萝卜素和黄酮类化合物（Mittler et al.，2004）。因此，可以通过提高体内抗氧化酶和非酶抗氧化物的水平增强改善植物的抗逆性。抗氧化物质几乎存在于所有的细胞器中，说明降解活性氧对细胞存活和正常生长的重要性。有研究发现，活性氧影响许多基因的表达和信号转导通路，这表明细胞已经进化出利用活性氧作为生物信号的机制，从而激活和控制各种遗传应激反应程序（Dalton et al.，1998）。近年来，植物主动产生活性氧的现象日益明显，活性氧可能控制许多不同的生理过程，如生物和非生物应激反应、病原体防御和系统信号传导。

由于胁迫因素与影响植物生长发育的各种分子、生化和生理现象复杂的相互作用，植物在细胞水平上对非生物胁迫的耐受性也非常复杂（Foolad et al.，2001；Zhu，2002；Foolad et al.，2003；Ashraf，2004）。不同的非生物胁迫因子可能会引起植物的渗透胁迫、氧化应激和蛋白质变性等，细胞则做出相应的响应，如溶质的积累、诱导应激蛋白的表达、加速活性氧清除等（Zhu，2002）。植物在分子水平层面对干旱、土壤淹水、高温和低温等非生物胁迫的响应已逐渐阐明。这些响应机制是由一系列复杂的信号通路网络调控的，这些信号通路主要包括 Ca^{2+} 信号传导（Seybold et al.，2014）、活性氧体系及激素调控（Peleg et al.，2011；Pieterse et al.，2012；de Vleesschauwer et al.，2014；Kazan，2015）。

1.5.3.1 氧化胁迫程度

氧化胁迫程度可以通过 MDA 含量和蛋白质羰基含量来反映（Sohal et al.，1993；Yan et al.，1998；Sakuragawa et al.，1999；Chernysheva et al.，2004）。蛋白质羰基含量是衰老的一个

生物标志（Yan et al.，1998），蛋白质被氧化后的羰基含量增多，随着植物生长时间的增加，羰基会逐渐累积，导致植物组织的功能减弱（Sakuragawa et al.，1999），从而可能导致植物的早衰。2，4-二硝基苯肼是最稳定的测定羰基含量的方法，羰基和2，4-二硝基苯肼反应生成红色的2，4-二硝基苯腙沉淀，用盐酸胍溶解后即可测定羰基含量（段丽菊 等，2005）。因此，2，4-二硝基苯肼法被广泛用于蛋白质羰基化的测定。脂质过氧化是一个复杂的过程，其中多不饱和脂肪酸受到氧衍生自由基的攻击，导致脂质过氧化物的形成。在生物组织中，这些脂质过氧化物被分解成多种产物，包括醛和酮。有多种方法可用于检测脂质过氧化物，但因为MDA在生物体中广泛产生，是不饱和脂质过氧化的最终产物，且简单、有相对良好的灵敏度。因此，MDA含量被广泛用于反应脂质过氧化程度（Kader et al.，1995）。

1.5.3.2 抗氧化物酶

正常条件下，植物代谢产生的活性氧会被自身的防御体系及时清除，以维持植物体内活性氧含量的动态平衡（马廷臣 等，2010）。植物在氮、磷、钾胁迫时均会产生大量活性氧并在细胞内积累（Shin et al.，2004；Shin et al.，2005），过量的活性氧引起膜脂过氧化和脱脂化，破坏生物膜的结构和功能，严重时会抑制作物的生长，同时过量的活性氧诱导植物产生多种抗氧化酶和非酶抗氧化物质来减少体内活性氧的含量，维持细胞膜的稳定性，消除活性氧对植物造成的不利影响（Ashraf，2009；马廷臣 等，2010；胡国霞 等，2011）。

抗氧化酶包括SOD、GPX、GR、CAT、愈创木酚-过氧化物酶（G-POD）、还原型烟酰胺腺嘌呤二核苷酸-过氧化物酶（NADH-POD）、APX，它们都在消除活性氧和预防细胞损伤方面发挥重要作用（Grankvist et al.，1981；Marklund et al.，1984；Filek et al.，2008；Talukdar，2013）。活性氧的产生是好氧细胞中常见的过程，但在生物和生物因子诱导的应激反应开始期间，处于不利的氧化状态。抗坏血酸和GSH循环在活性氧的细胞解毒中发挥重要作用，其中 APX、GR、脱氢抗坏血酸还原酶等会负责抗坏血酸和 GSH 的再生（Talukdar，2013）。APX 被认为在清除活性氧和保护高等植物、藻类等生物细胞方面发挥着最重要的作用。APX 参与了水循环和抗坏血酸-谷胱甘肽循环中 H_2O_2 的清除，并利用还原态的抗坏血酸作为电子供体。APX 在烟草叶绿体中的过表达增强了烟草对盐胁迫和干旱胁迫的耐受性，有助于维持烟草细胞内氧化还原平衡（Badawi et al.，2004）。CAT 是含有四聚体血红素的酶，具有直接将 H_2O_2 分解为 H_2O 和 O_2 的作用，在胁迫条件下缓解活性氧的积累方面起着重要作用。在镉胁迫下，转基因烟草中 CAT 基因表达上调，转基因植株的 CAT 活性约为正常植株的两倍，这与 CAT 维持烟草对镉胁迫下的氧化还原平衡有关。SOD 是普遍存在的酶家族，其功能是有效催化超氧阴离子的歧化，从而生成 H_2O_2。SOD 是活性氧清除系统中首个发挥作用的抗氧化酶，其活性大小可以反映植物的受胁迫情况（Simonovicova et al.，2004）。SOD 也是细胞内最有效的抗氧化酶，广泛存在于所有需氧生物和易发生活性氧积累的氧化应激的亚细胞中。众所周知，各种环境压力常常导致活性氧的生成增加，其中 SOD 被认为在植物的抗逆性中起着重要作用，是细胞避免因活性氧积累而受毒害的第一道防线。SOD 通过催化超氧阴离子发生歧化反应生成 H_2O_2 和 O_2。SOD 的上调表达与植物抵抗生物胁迫和非生物胁迫引起的氧化还原平衡变化有关，对植物在胁迫环境下的生存至关重要。在盐胁迫下，桑葚、鹰嘴豆和番茄中 SOD 活性均有显著提高（Kukreja et al.，2005）。SOD 过表达的转基因水稻植株表现出更强的耐旱性。SOD 过表达的原生质体在光氧化胁迫下氧化损伤小，SOD 和 GR 活性显著增加（Melchiorre et al.，2009）。

POD 有两种，一种为消耗 H_2O_2 的 G - POD，一种为可产生也可消耗 H_2O_2 的 NADH - POD（Wang et al.，2010；Hazubska - Przybyx et al.，2013）。在植物体细胞胚发生过程中活性经常发生变化的酶是 POD（Krsnik - Rasol，1991；Morel et al.，1991；Klerk et al.，1997；Stasolla et al.，2007）。POD 属于氧化还原

酶，催化多种底物和 H_2O_2 发生氧化反应。在植物细胞中，POD 同工酶参与抗氧化系统，保护细胞免受 H_2O_2 过度积累的毒害（Morel et al.，1991）。POD 可以作为活性氧中间体的有效淬灭剂，这些活性随着细胞中金属含量的增加而增加（Lepp，1995）。植物中分离的 G-POD 与 APX 在序列和生理功能上存在差异。G-POD 能分解吲哚-3-乙酸（IAA），并通过消耗 H_2O_2 参与木质素的生物合成和抵御逆境胁迫引起的氧化还原平衡的变化。Radotic 等（2000）发现，云杉针叶的 G-POD 活性随着镉胁迫的处理时间先增加后减少，以此来缓解镉胁迫引起的氧化还原平衡的变化，缓解细胞受活性氧的毒害。由于还原型烟酰胺腺嘌呤二核苷酸（NADH）氧化酶反应的产物 H_2O_2 也是 NADH 过氧化物酶的底物或产物，所以，NADH 氧化的速率实际上反映了 NADH 氧化酶和过氧化物酶活性的总和（Talwalkar et al.，2003）。GR 是一种黄素蛋白氧化还原酶，存在于原核生物和真核生物中。它是抗坏血酸和 GSH 循环中的一种酶，通过维持 GSH 的还原状态，在活性氧防御系统中发挥重要作用。GR 主要存在于叶绿体中，但在线粒体和细胞质中也发现了少量的分布。用低 GR 活性的转基因烟草研究 GR 抵抗氧化应激的机制，发现 GR 活性较低的转基因植株对氧化胁迫的敏感性增强。并且 GR 在 GSH 的再生过程中起着重要的作用，通过维持 GSH 的还原水平保护 GSH 免受氧化应激引起的氧化还原失衡。Ding 等（2009）发现 GR 转基因植物对非生物胁迫耐受性显著增强。

1.5.3.3　非酶抗氧化物含量及非酶抗氧化能力

（1）非酶抗氧化物含量

抗坏血酸是植物体内最丰富的水溶性强抗氧化物质，可防止或减少由活性氧增加引起的氧化还原失衡对植物造成的损害。抗坏血酸在维持植物的细胞氧化还原稳态中起重要作用。抗坏血酸的积累程度取决于植物的发育和环境因素，主要受到活性氧物质产生速率的影响（Gillham et al.，1987；Grace et al.，1997；Noctor et al.，1998；Veljovic-Jovanovic et al.，2001）。Yang 等研究发现镉胁迫下植物的抗坏血酸盐含量增加（Yang et al.，2008）。GSH是植物体内重要的代谢产物之一，被认为是细胞内应对活性氧诱导的氧化损伤最重要的防御机制。GSH 分布在植物组织细胞的不同部位，如细胞溶质、内质网、线粒体、叶绿体、过氧化物酶体和质外体（Mittler et al.，1992；Jimenez，1998），在多个生理过程中起着重要的作用，包括硫的监管运输、信号转导、结合代谢物和逆境应答基因的表达（Xiang et al.，2001）。Sumithra 等（2006）发现，正常叶片中活性氧清除酶活性和 GSH 浓度均高于盐胁迫处理叶片，而盐胁迫处理叶片中的氧化型谷胱甘肽（GSSG）浓度高于正常处理的叶片，说明正常处理的样品具有高效的抗氧化特性，能够更好地保护叶片免受氧化损伤。Ball 等（2004）在拟南芥中鉴定出 APX2 1-1（rax1-1）的突变体，通过比较 rax1-1 与 GSH1 突变体对镉的敏感性，显示 32 种应激反应基因的表达对 GSH 代谢的变化有响应，且表明 GSH 代谢的变化可能是整合几种信号传导途径的一种手段。氧化型烟酰胺腺嘌呤二核苷酸（NAD）和 NADH、NADP 和 NADPH 是几乎所有细胞溶质中的关键非蛋白氧化还原对。确定细胞氧化还原状态的关键因素是巯基-二硫化物、GSH 和吡啶核苷酸，它们是氧化还原代谢和维持细胞内氧化还原状态的核心（Asada，1999；Foyer et al.，2005；Queval et al.，2007），并且它们也是植物中 H_2O_2 的主要非蛋白还原剂（Asada，1999）。植物在逆境胁迫条件下，组织中抗坏血酸和 GSH 含量会增加，这一直是众多学者寻求操纵植物抗逆性和营养价值的研究焦点（Creissen，1999；Agius et al.，2003；Weihai，2008）。NAD/NADH 和 NADP/NADPH 属于各种生物过程的基本共同介质，包括能量代谢、抗氧化/氧化应激的产生、基因表达、免疫功能、细胞衰老和死亡等（Agius et al.，2003）。其中，NAD 依赖性组蛋白去乙酰化酶在细胞衰老中起关键作用（Blander et al.，2004）。研究表明，未来对 NAD/NADH 和 NADP/NADPH 的代谢和生物学功能的研究可能揭示生命的基本特性，目前对棉花方面 NAD/NADH 和 NADP/NADPH 的研究未见报道。

（2）非酶抗氧化能力

逆境胁迫导致活性氧的形成增加，如超氧阴离子、单线态 O_2 和 H_2O_2（Blander et al.，2004）。植物在逆境中，H_2O_2 诱导的反应序列涉及抗氧化物酶的激活、次级代谢的刺激、结构的变化（如木质素沉积），以及最终的细胞死亡（Karpinski et al.，1997；John，1998）。通过使用低分子量的抗氧化剂，可以保持植物在逆境胁迫下活性氧清除酶的活性，实现氧化应激的预防（Asada，1999；Babbar et al.，2014）。酚类物质是在植物中发现的最明显的次级代谢物，它们的分布在整个代谢过程中都有显示。这些酚类物质包括多种化合物：如简单的黄酮类、酚酸类、复合黄酮类和有色花青素（Asada，1999）。这些化合物通常与植物的防御反应有关。Babbar 等（2014）发现绿茶的多酚提取物有降低 MDA 浓度的明显作用。植物多酚可以改善内源性抗氧化系统，有效防止氧化损伤，维持氧化-抗氧化平衡。对绿茶的研究表明，它含有六种主要的儿茶素，这六种儿茶素为该领域最常见的多酚化合物（Lin et al.，2016）。清除 DPPH 自由基是常见抗氧化实验的基础（Sharma et al.，2009）。DPPH 法于 1958 年被提出（Mensor et al.，2001），广泛用于定量测定生物试样和食品的抗氧化能力，清除率越大表明抗氧化能力越强。Villaño 等（2007）使用 DPPH 方法评估了葡萄酒中常见的多酚化合物的自由基清除活性，多酚化合物在清除容量和清除率方面表现出对 DPPH 自由基的不同反应，化学计量值最高的是黄烷-3-醇家族。抗氧化物和 GSH 的氧化形式和还原形式之间的平衡对于调节活性氧与抗氧化物之间的相互作用至关重要，因为它最终决定植物的生长和发育（Tyagi，2010；Lorenz et al.，2011）。

黄酮类化合物广泛存在于植物界，常见于叶片、花部和花粉中。黄酮类化合物通常以糖苷的形式存在于植物液泡中，但也会以渗出物的形式存在于叶片和其他植物部位。植物细胞中黄酮类化合物的浓度往往超过 $1mmol \cdot L^{-1}$（Vierstra et al.，1982）。黄酮类化合物按其结构可分为黄酮醇类、黄酮类、异黄酮类和花青素类。

黄酮类化合物具有花、果、种子的色素沉着，抗紫外线，植物病原（病原微生物、昆虫、动物）防御，促进花粉萌发和花粉管生长，在植物与微生物的相互作用中起信号分子的作用等多种功能（Olsen et al.，2010）。黄酮类化合物是最具生物活性的植物次级代谢产物之一。大多数黄酮类化合物都比其他常见的抗氧化物质表现得更好，如生育酚（Hernández et al.，2009）。黄酮类化合物通过在自由基破坏细胞前定位、中和自由基而清除活性氧，这对在逆境胁迫下的植物很重要（Løvdal et al.，2010）。黄酮类化合物的抗氧化能力取决于其对自由基的还原能力和对自由基的可接近性。酚类化合物可吸收紫外光，能够合成这些化合物的植物比这些化合物通路受损的突变体更耐高紫外光照射（Clé et al.，2008）。许多黄酮类化合物生物合成基因是在胁迫条件下诱导的。研究发现，在生物和非生物胁迫（如物理伤害、干旱、金属毒性和营养缺乏）之后，黄酮类化合物含量水平显著增加（Winkel‐Shirley，2002）。紫外线 B 波段（UV‐B）、寒冷和干旱条件下植物黄酮类化合物的产生已有报道。研究发现，不能积累黄酮类化合物的植物突变体对紫外光更敏感，黄酮类化合物使拟南芥在缺氮条件下的耐受性增加（Wojtczak，2008）。

1.6　代谢组

植物质外体是一个动态的环境，在这个环境里会发生许多代谢和运输过程。质外体的主要结构成分围绕着细胞壁，由位于质外体内的酶、结构蛋白及代谢物组装和修饰（O′Leary et al.，2014）。在初级和次级代谢中，活性氧与生物大分子如膜脂、蛋白质和 DNA 的反应会导致其结构出现不可逆的损害，并通过脂氧合酶，启动膜脂过氧化。植物的存活取决于它们通过改变细胞代谢和调节各种生化变化来适应胁迫的能力（Basu et al.，2010）。植物细胞产生两种类型的代谢物：直接参与生长和代谢的初级代谢物（糖类、脂类、氨基酸、有机酸），以及被认为是初级代谢的最终产物且不参与代谢活动的次级代谢物。它们的缺失并不会引起或导致植物的死亡，但是会损害植物生物体的生存能力（Irchhaiya et al.，2014）。根据英国营养基金会的分类，植物次级代谢物分为三大类，包括萜类化合物（如类胡萝卜素、甾醇、强心苷和植物挥发物），酚类物质（如木脂素、酚酸、单宁、香豆素、木质素和类黄酮）以及含氮化合物（如非蛋白质氨基酸、含氰的葡萄糖苷和生物碱）或含硫化合物（如 GSH、植物抗毒素、硫堇蛋白、防御素和凝集大蒜素）（Mazid et al.，2011）。

1.7 蛋白组

解析生物应激反应过程的主要技术是转录组、蛋白组与代谢组技术。蛋白组分析为基因组和生物活性之间建立了直接的联系（Tyagi，2010）。蛋白组学针对的是全体蛋白，以二维凝胶电泳和质谱为主，分为 top - down 和 bottom - up 分析方法。理念和基因组类似，将蛋白质用特定的化学手段分解成小肽段，通过质量反推蛋白序列，最后进行搜索，标识已知、未知的蛋白序列。Wan 等（2008）发现活性氧中的 H_2O_2 诱发了水稻叶片 144 个蛋白质和根系质外体 54 个蛋白质（Zhou et al.，2011）的差异表达。叶片的 144 个差异蛋白主要为细胞防御、氧化还原调节、信号传导、蛋白质合成与分解、光合作用和光呼吸及糖类和能量代谢等相关蛋白；根系的 54 个差异蛋白主要为氧化还原调节蛋白和糖类代谢相关蛋白。同时，H_2O_2 诱发了蛋白质的磷酸化级联反应（Zhang et al.，2016）。Zhang 等（2009）采用蛋白组方法对棉花钾缺乏的质外体反应的分子机制开展了研究。结果显示，低钾处理显著减少了木质部汁液的钾和蛋白质含量。总共有 258 种肽在棉花幼苗的木质部汁液中定性鉴定，其中 90.31％为分泌蛋白。与正常钾处理相比，低钾处理显著减少了大多数环境应激相关蛋白的表达，并导致同种蛋白质中异构体的缺失。例如，低钾处理下的 21 类 POD 异构体的含量是正常钾处理的 6％～44％，其中 11 种异构体在低钾处理下缺失；低钾处理下 3 种几丁质酶异构体的含量为正常钾处理的 2 倍，两种异构体在低钾处理下不存在。此外，在低钾处理下，应激信号传导和识别蛋白质显著下调或消失。相反，低钾处理导致一种 POD 异构体、一种蛋白酶抑制剂、一种非特异性脂质转移蛋白和组蛋白 H4 及 H2A 的含量至少增加 2 倍。因此，钾缺乏减少了植物对环境胁迫的耐受性，这可能是由多数胁迫相关蛋白的显著减少或消失造成的（Voothuluru et al.，2013）。细胞壁蛋白组分析表明，在水胁迫条件下根生长区内可以以区域特异性方式修饰调节质外体活性氧，特别是 H_2O_2 的水平。质外体活性氧可能具有使细胞壁松弛或收紧的作用，并且还可能具有其他生长调节功能。

1.8　研究目的与意义

钾是植物必需的一种大量元素，对植物的生长和发育有十分重要的影响。缺钾会抑制棉花根、茎和叶的生长，并减少棉纤维的产量和品质。缺钾胁迫会导致棉花体内活性氧含量上升，对棉花的多种生理和生化活动产生不利影响，并对棉花产生毒害。低浓度的 COR 能调节植物的生长发育，并提高植物自身的抗逆性，但就 COR 调控棉花根系和叶片生长的机制研究甚少。

农业上面临的主要问题是环境逆境对作物生长发育造成的不良影响。这些环境胁迫的共同点是打破了活性氧稳态。因此，深入理解响应活性氧尤其是 H_2O_2 的信号网络对农业生产有十分重要的意义。钾胁迫导致活性氧增加，产生了氧化胁迫，如减少了根系呼吸、降低了根系活力及抑制了侧根发生等。而 COR 处理虽然进一步增加了活性氧，但并未产生氧化胁迫，如其减少了细胞膜脂质过氧化、增加了根系呼吸、提高了根系活力和促进了侧根发生等（Zhang et al.，2009）。由此可见，两者结合有助于深入理解 H_2O_2 正向和负向调控的分子生理机制。利用蛋白质组学、磷酸化蛋白质组学、代谢组学和转录组学技术的研究陆续增多，但用于植物钾缺乏应答方面鲜有报道（Ricroch et al.，2011；Ganguly et al.，

2011；Abirami et al.，2015；晁毛妮 等，2017）。

本研究首先通过对棉花幼苗不同钾营养水平（钾处理分为两个水平：0.05mmol·L⁻¹KCl 和 2.5mmol·L⁻¹KCl，其中 2.5mmol·L⁻¹ 的 KCl 为对照，0.05mmol·L⁻¹ 的 KCl 为低钾处理）下加入 COR 时的形态特征及生理特性与前人研究印证，并对棉花幼苗面临低钾和 COR 调控低钾时的光合生理特性进行研究。然后对 AWF 的具体提取条件进行建立和优化，最后对不同钾营养水平和 COR 调控低钾水平幼苗根系和子叶的 AWF 氧化还原平衡体系及分子机制进行探究。因此，本研究目的主要是：①优化棉花根系和子叶质外体汁液分离方法；②揭示棉花面临低钾和 COR 调控低钾时植物体氧化还原平衡机制变化；③解析棉花面临低钾和 COR 调控低钾时植物体 AWF 蛋白质的差异表达；④解析棉花面临低钾和 COR 调控低钾时植物体 AWF 代谢物的差异表达。本研究能为棉花幼苗 AWF 解析提供理论基础，为棉花的栽培和分子育种方面提供理论基础。

2 钾营养与冠菌素对棉花生长的调节

2.1 实验材料与方法

使用美国孟山都公司培育的钾敏感性材料DP99B。

2.1.1 实验材料

2.1.1.1 培养条件

光照14h，黑暗10h，光照强度为$400\mu mol \cdot m^{-2} \cdot s^{-1}$，湿度60%，白天温度为32℃，晚上温度为26℃。

2.1.1.2 幼苗培养及处理设计

在室内培养室中采用水培法培养棉花幼苗获取实验材料。

种子消毒：将健康饱满的DP99B种子浸没在10%的H_2O_2水溶液中消毒20min，用蒸馏水冲洗5~6次后进行萌发，在子叶刚好完全展开时，挑选长相均一的棉花幼苗转移到改良的霍格兰氏营养液中培养3d。营养液组成为：$2.5mmol \cdot L^{-1}$的$Ca(NO_3)_2$，$1mmol \cdot L^{-1}$的$MgSO_4$，$0.5mmol \cdot L^{-1}$的$NH_4H_2PO_4$，$2mmol \cdot L^{-1}$的$NaCl$，$2 \times 10^{-4} mmol \cdot L^{-1}$的$CuSO_4$，$1 \times 10^{-3} mmol \cdot L^{-1}$的$ZnSO_4$，$0.1mmol \cdot L^{-1}$的$EDTA-FeNa$，$0.02mmol \cdot L^{-1}$的$H_3BO_3$，$5 \times 10^{-6} mmol \cdot L^{-1}$的$(NH_4)_6Mo_7O_{24}$，$1 \times 10^{-3} mmol \cdot L^{-1}$的$MnSO_4$，$2.5mmol \cdot L^{-1} KCl$。

幼苗生长3d后更换营养液进行低钾（LK）处理和低钾＋冠菌素（LKCOR）处理；其中对照（HK）依然采用相同营养液配方，即霍格兰氏营养液，但需更新营养液。低钾处理将$2.5mmol \cdot L^{-1}$的KCl更换为$0.05mmol \cdot L^{-1}$的KCl和$2.45mmol \cdot L^{-1}$的$NaCl$，LKCOR营养液为LK营养液中加入COR，COR浓度为$10nmol \cdot L^{-1}$。处理进行6d后，进行根系取样或测定。

2.1.2 实验方法

棉花根系形态指标主要包括鲜重（FW）、干重、总根长、总根表面积、总根体积、主根长度。

2. 1. 2. 1 根系形态扫描

当处理 6d 时分别取每个处理中长势一致的幼苗，从根茎交界处切开，将植株分为根系和地上部，将根系在盛有 200mL 左右自来水的根盘上散开。使用 Epson Expression 12000XL 扫描仪分别进行扫描。然后采用 WinRHIZO Pro 2017 根系图片分析软件把扫描出来的图片进行总根长、总根表面积、总根体积的分析，采用 ImageJ 图片分析软件进行根系主根长度分析。

2. 1. 2. 2 棉花幼苗根系及叶片鲜重与干重

把扫描完的根系，蘸干表面水分，称量，即根系鲜重。把称过鲜重的根系，放入牛皮纸袋，105℃杀青 20min 后 80℃烘干至恒重，称量，即根系干重。

2. 1. 2. 3 棉花幼苗根系活力

采用 Lutts 改良的氯化三苯基四氮唑（TTC）染色法，称取 0.5g 新鲜的根系用解剖刀切成 1cm 长的小段。加入 5mL 100mmol・L^{-1}磷酸缓冲液（pH＝7.4）配制的质量浓度为 0.6％的 TTC 溶液中进行浸泡染色，30℃染色 24h 后，倒掉染色液并用蒸馏水冲洗根系 3 次，加入 5mL 95％的乙醇 85℃水浴 10min，提取根系中不溶于水的三苯基甲腙（TTF）。485nm 处测定其光密度，根系活力用 OD・g^{-1}（FW）表示。

2. 2 实验结果与分析

2. 2. 1 不同钾营养水平及冠菌素调控低钾水平对根系形态生长的影响

由表 2 - 1 所示，与 HK 处理相比，LK 处理的棉花总根长、总系表面积、总根体积和总侧根长度分别显著减少 50.23％、39.18％、25.78％和 50.80％，平均根直径显著升高 22.58％；LKCOR 处理的棉花总根长、总根表面积和总侧根长度分别显著减少 75.07％、50.83％和 75.61％，平均根直径显著升高 96.77％。与 LK 处理相比，LKCOR 处理的棉花总根长、总根表面积和总侧根长度分别显著减少 49.92％、19.16％和 50.43％，平均根直径显著升高 60.53％。

表2-1 不同钾营养水平及冠菌素调控低钾水平下根系形态特征变化

处理	每株总根长 (cm)	每株总根表面积 (cm²)	每株总根体积 (cm³)	平均根直径 (cm)	主根长 (cm)	总侧根长 (cm)
HK	1 726.07a	166.71a	1.28a	0.31c	13.62a	1 712.45a
LK	859.10b	101.40b	0.95b	0.38b	16.54a	842.56b
LKCOR	430.25c	81.97c	1.24a	0.61a	12.57a	417.68c
(LK－HK)/HK（%）	−50.23	−39.18	−25.78	22.58	21.44	−50.80
(LKCOR－HK)/HK（%）	−75.07	−50.83	−3.13	97.77	−7.71	−75.61
(LKCOR－LK)/LK（%）	−49.92	−19.16	30.53	61.53	−24.00	−50.43

注：HK 为对照（2.5mmol·L^{-1}KCl），LK 为低钾处理（0.05mmol·L^{-1}KCl），LKCOR 为低钾+冠菌素处理（0.05mmol·L^{-1}KCl+10nmol·L^{-1}冠菌素）；(LK－HK)/HK 为低钾处理与对照相比，低钾处理下根系形态指标升高或减少率，(LKCOR－HK)/HK 为低钾+冠菌素处理与对照相比，低钾+冠菌素处理下根系形态指标升高或减少率，(LKCOR－LK)/LK 为低钾与低钾处理相比，低钾+冠菌素处理下不同根系形态指标升高或减少率。重复≥3。不同字母表示同一测定指标不同处理间差异显著（$P<0.05$）。

2.2.2 不同钾营养水平及冠菌素调控低钾水平对根系及叶片鲜重与干重的影响

由图 2-1 可知，与 HK 相比，LK 和 LKCOR 处理根系鲜重分别显著减少了 49.5% 和 71.7%；与 LK 处理相比，LKCOR 处理根系鲜重显著减少了 44.0%。与 HK 相比，LK 和 LKCOR 处理根系干重分别显著减少了 32.77% 和 52.82%；与 LK 处理相比，LKCOR 处理根系干重减少了 29.83%。

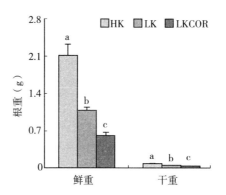

图 2-1 不同钾营养水平及冠菌素调控低钾水平下根系鲜重及干重

注：HK 为对照，LK 为低钾处理，LKCOR 为低钾+冠菌素处理。重复＝5。不同字母表示同一测定指标不同处理之间差异显著（$P < 0.05$）。

由图 2-2 可知，与 HK 相比，LK 和 LKCOR 处理单株叶片鲜重分别显著减少了 26.7% 和 30.86%，与 LK 处理相比，LKCOR 处理单株叶片鲜重减少了 6.23%。与 HK 相比，LK 处理单株叶片干重减少了 3.60%，LKCOR 处理单株叶片干重显著增加了 3.61%；与 LK 处理相比，LKCOR 处理单株叶片干重显著增加了 7.47%。

2.2.3 不同钾营养水平及冠菌素调控低钾水平对根系活力的影响

由图 2-3 可知，与 HK 根系活力相比，LK 处理降低了 28.87%，LKCOR 处理升高了 134.84%；与 LK 处理相比，LKCOR 处理上

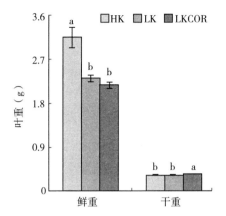

图 2-2 不同钾营养水平及冠菌素调控低钾水平下
单株叶片鲜重及干重

注：HK 为对照，LK 为低钾处理，LKCOR 为低钾＋冠菌素处理。重复＝5。不同
字母表示同一测定指标不同处理间差异显著（$P<0.05$）。

升了 230.84%。结果说明，钾胁迫使棉花根系活力下降，COR 对
LK 水平的棉花根系活力有特异性调控作用。

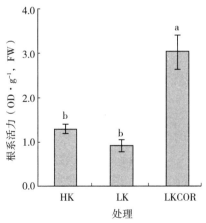

图 2-3 不同处理下根系活力

注：HK 为对照，LK 为低钾处理，LKCOR 为低钾＋冠菌素处理。重复＝5。不同
字母表示不同处理间差异显著（$P<0.05$）。

2.3 讨论与结论

钾缺乏引起的早衰是我国棉花生产的重要制约因素，植物对钾的吸收能力与根系生长发育相辅相成（张志勇 等，2009）。棉花缺钾会使棉花的细根生长、根系表面积增大等受到抑制，从而影响根系对钾的吸收（胡泽彬 等，2015）。棉花大根系对钾的捕获效率更高，冠菌素处理后 12 天棉花总根长、总根表面积和钾吸收显著增加，表明冠菌素可能提高棉花幼苗的钾获取效率（Zhang et al.，2009）。研究发现，钾缺乏会引起棉花叶片表皮细胞及叶片栅栏组织和海绵组织畸形生长，并引起叶肉细胞萎缩，使叶片呈现凹凸不平的不规则状，降低叶片投影面积，抑制叶片生长（Munson et al.，1985）。Kenyon 等（1992）用 72.1nmol·L^{-1} 的冠菌素处理烟草叶片发现，冠菌素通过促进叶肉细胞分裂增殖，抑制细胞伸长生长，增加叶片厚度，抑制叶片伸长。

本研究表明，LK 处理会显著抑制棉花幼苗侧根生长，从而显著减小总根体积；冠菌素会通过增加低钾水平棉花根系平均直径的方式，促进整个根系体积的增加，从而对低钾胁迫下的棉花起到调控作用，此研究与前人的研究互相印证（Zhang et al.，2009）。和 HK 相比，LK 和 LKCOR 处理使根系鲜重、干重减少；和 LK 相比，冠菌素对低钾水平的根系干重和鲜重具有负向调控作用，且以上结果符合前人的研究（Parra‑Lobato et al.，2009；Zhang et al.，2009），但是在 LK 条件下，COR 处理显著提高了根系活力。同时，LK 处理幼苗的单株叶片干重分别比 HK 和 LKCOR 处理降低了 3.60% 和 7.47%，这表明 LK 处理抑制了棉花单株叶片干物质的积累，但在 LK 条件下，冠菌素显著增加了单株叶片干重，与前人的研究结果一致。

3 钾营养与冠菌素调节下棉花叶绿素荧光

3.1 实验材料与方法

采用美国孟山都公司培育的钾敏感性材料DP99B。

3.1.1 实验材料

幼苗培养方法及处理同2.1.1，幼苗处理进行6d后，进行完全黑暗环境下半饱和光强的PSⅠ和PSⅡ的叶绿素荧光测定。叶绿素含量和叶绿素荧光测定选取棉花幼苗的子叶进行。

3.1.2 实验方法

3.1.2.1 子叶叶绿素含量测定

测定原理：叶绿素溶于丙酮、乙醇或二甲基亚砜等有机溶剂，但不溶于水。叶绿素在特定提取溶液的固定波长处有最大光密度，采用分光光度法可测定叶绿素含量。

叶绿素提取：在预冷的研钵中放入0.5g左右新鲜的子叶，加入5mL预冷过的纯丙酮和少许无水碳酸钙（约0.02g），在冰浴中迅速研磨至匀浆，将匀浆转移至相应的离心管内；再用5mL预冷过的80%丙酮分3次把研钵和杵子冲洗干净并将冲洗过的丙酮溶液一并转移至对应离心管中，在4℃环境下以$3\,500 \times g$离心10min后，取上清液用预冷过的80%丙酮定容至20mL，备用。

测定方法：取上述叶绿素的丙酮提取液1mL，加入4mL预冷过的80%丙酮稀释后取$200\mu L$至酶标板中，分别测定该溶液在663nm和645nm处的光密度，每个处理做5个重复。空白对照为等体积的预冷过的80%丙酮。根据光密度计算得丙酮溶液中的叶绿素含量。

3.1.2.2 子叶叶绿素荧光测定

叶绿素荧光测定：在处理6d时，利用DUAL-PAM-100（德国WALZ公司）对棉花子叶PSⅡ与PSⅠ的叶绿素荧光参数同时进行测量。

（1）诱导曲线测定方法

幼苗首先暗适应 30min。同时测量 PSⅡ 和 PSⅠ 活性，设定荧光测量光强度、P700 测量光（ML）强度等。点击天平按钮进行调平，使得 P700 数值稳定且在 0～0.2。然后对 PSⅡ 和 PSⅠ 的参数同时进行测量。

①PSⅡ 参数意义。黑暗下测定 PSⅡ 所获得的参数包括光化学淬灭参数和非光化学淬灭参数。

光化学淬灭可以被一种短饱和脉冲光（0.2～1s）暂时完全抑制，剩余的荧光淬灭就是非光化学淬灭。非光化学淬灭反映了植物以热的形式耗散掉过剩光能的能力，也就是光保护能力。光化学淬灭参数包括 qP 和 qL 两个参数。其中，qP 反映 PSⅡ 吸收的能量用于进行光化学反应的比例。qL 可以反映反应中心的比例，反映了光合活性的高低。非光化学淬灭参数包括 qN、NPQ、Y（Ⅱ）、Y（NO）、Y（NPQ）等。qN 为 PSⅡ 吸收的能量耗散为热量的比例，也就是植物耗散过剩光能的比例。NPQ 是 PSⅡ 反应中心，天线色素吸收的光能中，不能用于光合电子传递的多余部分的光能中，以热的形式耗散掉的比例。Y（Ⅱ）代表 PSⅡ 吸收光能后用于光化学反应的那部分能量，剩余的未做功的能量可以分成两个部分，Y（NO）和 Y（NPQ）。Y（Ⅱ）$=1-Y$（NPQ）$-Y$（NO）。Y（NO）是光损伤的重要指标，它代表被动的将过剩的光能耗散转化为热的能量和发出荧光的能量，是 PSⅡ 处非调节性能量耗散的量子产量，主要由关闭态的 PSⅡ反应中心贡献。若 Y（NO）较高，则表明光化学能量转换和保护性的调节机制不足以将植物吸收的光能完全消耗。也就是说，入射光强超过了植物能接受的程度。这时，植物可能已经受到损伤，或者（尽管还未受到损伤）继续光照将导致植物受到损伤。Y（NPQ）是光保护的重要指标，代表的是通过调节性的光保护机制将过剩的光能耗散转化为热的能量（Klughammer et al.，2008）。在强光下，当 Y（Ⅱ）接近于零时，若 Y（NPQ）较高，说明植物细胞具有较强的光保护能力；若 Y（NO）较高，说明植物细胞失去了在过剩光能下的自我保护能力。在给定的环境条件下，最理想的调节机制是通

过保持尽量大的 Y（NPQ）/Y（NO）比值，获得尽量大的 Y（Ⅱ）。若 Y（NPQ）较高，一方面表明植物接受的光能过剩，另一方面则说明植物仍可以通过调节（如将过剩光能以热的形式耗散）保护自身。

Fo 表示 PSⅡ的初始荧光产量；Fv 表示 PSⅡ的可变荧光产量；Fm 表示 PSⅡ的最大荧光产量；Fv/Fm 反映植物的潜在最大光能转换率，即最大光合效率。在健康生理状态下，绝大多数高等植物的 Fv/Fm 在 $0.8 \sim 0.85$，当 Fv/Fm 下降时，代表植物受到胁迫。因此，Fv/Fm 是研究光抑制或各种环境胁迫对光合作用影响的重要指标。

②PSⅠ参数意义。Y（Ⅰ）为 PSⅠ的光化学量子产量；Y（ND）代表由供体侧限制引起的 PSⅠ非光化学能量耗散的量子产量；Y（NA）代表由受体侧限制引起的 PSⅠ非光化学能量耗散的量子产量。Pm 为 P700 信号的最大改变值，相当于测量 PSⅡ时所测得的 Fm；ETR 为电子传递率。

（2）快速光响应曲线测定方法

在测定饱和脉冲光诱导曲线后，饱和脉冲关闭，荧光迅速回到 Fo 附近，然后打开光化光（actinic light，AL），设置光照强度梯度：$10\mu mol \cdot m^{-2} \cdot s^{-1}$、$18\mu mol \cdot m^{-2} \cdot s^{-1}$、$36\mu mol \cdot m^{-2} \cdot s^{-1}$、$94\mu mol \cdot m^{-2} \cdot s^{-1}$、$172\mu mol \cdot m^{-2} \cdot s^{-1}$、$214\mu mol \cdot m^{-2} \cdot s^{-1}$、$330\mu mol \cdot m^{-2} \cdot s^{-1}$、$501\mu mol \cdot m^{-2} \cdot s^{-1}$、$759\mu mol \cdot m^{-2} \cdot s^{-1}$、$1\,178\mu mol \cdot m^{-2} \cdot s^{-1}$、$1\,809\mu mol \cdot m^{-2} \cdot s^{-1}$，记录叶绿素荧光从黑暗转到光照的响应过程。光合作用进行时，总是有部分电子门处于关闭态。这部分处于关闭态的电子门使本应用于光合作用的能量转化为叶绿素荧光和热。饱和脉冲关闭后，电子门迅速全部打开。此时打开光化光，PSⅡ瞬间释放出大量电子，导致许多电子门被关闭，因此实时荧光迅速上升。此时，光合器官会迅速启动调节机制来适应这种光照状态，PSⅠ逐渐从质体醌（PQ）获取电子。在恒定的光化光强度下，PSⅡ释放的电子数是恒定的，因此随着时间的延长，处于关闭态的电子门越来越少，荧光逐渐下降并达到稳态。此时，处于关闭态的电子门数量达到动态平衡，也就是说

PSⅡ和PSⅠ达到了动态平衡。等荧光曲线达到稳态后关闭光化光，并结束整个测量过程。有时，为了精确的获得 Fo 这个参数，会在关闭光化光的同时打开一个持续几秒的远红光，以加快电子从PQ向PSⅠ的传递。

得到快速光响应曲线后，采用 Jasby 和 Platt（1976）的方程 $rETR=rETR_{max}\times\tanh$（$a\times PAR/rETR_{max}$）对快速光响应曲线进行拟合。$rETR$ 代表相对电子传递速率；$rETR_{max}$ 代表潜在最大相对电子传递速率；$\tanh$ 是双曲正切函数；a（alpha）为快速光响应曲线的初始斜率，反映了光合器官对光能的利用效率；PAR 为光合有效辐射。结合快速光响应曲线、上述拟合公式和其他荧光参数，可得出下文中的 I_k 值和 "$Fv/Fm\times rETR_{factor/2}$" 值；$I_k=rETR_{max}/a$，是初始斜率线和 $rETR_{max}$ 水平线的交点在坐标横轴上的投影点，反映了样品耐受强光的能力；"$Fv/Fm\times rETR_{factor/2}$" 是暗适应后 PSⅡ 的最大量子产量。

3.2　实验结果与分析

3.2.1　不同钾营养水平及冠菌素调控低钾水平对子叶叶绿素的影响

由图 3-1 可知，三种处理相比，子叶叶绿素 a 含量无显著性差异。但与 HK 相比，LK 和 LKCOR 处理子叶叶绿素 b 含量分别显著减少了 65.04% 和 28.04%；与 LK 处理相比，LKCOR 处理子叶叶绿素 b 含量增加了 105.81%。与 HK 相比，LK 和 LKCOR 处理子叶叶绿素总含量分别显著减少了 31.11% 和 15.46%；与 LK 处理相比，LKCOR 处理子叶叶绿素总含量增加了 22.72%。

3.2.2　不同钾营养水平及冠菌素调控低钾水平对子叶叶绿素荧光的影响

3.2.2.1　不同钾营养水平及冠菌素调控低钾水平在黑暗条件下对子叶 PSⅡ 与 PSⅠ 叶绿素荧光参数的影响

如表 3-1 所示，与 HK 相比，LK 处理棉花子叶 PSⅡ 的 Fo、

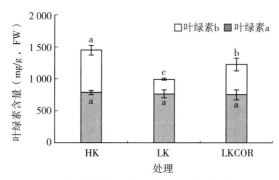

图 3-1　不同钾营养水平及冠菌素调控低钾水平下子叶
叶绿素 a 与叶绿素 b 含量

注：HK 为对照，LK 为低钾处理，LKCOR 为低钾＋冠菌素处理。重复＝5。不同
字母表示不同处理间差异显著（$P<0.05$）。

Fm 和 Fv 均显著升高，Fv/Fm 显著下降；LKCOR 处理的 Fm 和
Fv 显著升高。与 LK 处理相比，棉花子叶 PSⅡ 的 Fo 显著下降，
但 Fv/Fm 显著升高。

表 3-1　不同钾营养水平及冠菌素调控低钾水平对
子叶 PSⅡ 最大光合效率的影响

处理	Fo	Fm	Fv	Fv/Fm
HK	0.52b	3.19b	2.66b	0.84a
LK	1.52a	6.59a	5.07a	0.77b
LKCOR	0.92b	6.00a	5.08a	0.85a

注：HK 为对照，LK 为低钾处理，LKCOR 为低钾＋冠菌素处理。重复＝5。不同
字母表示同一测定指标不同处理间差异显著（$P<0.05$）。

如表 3-2 所示，与 HK 相比，LK 和 LKCOR 处理棉花子叶
PSⅡ 的光化学淬灭参数 qP 和 qL 显著下降，LK 处理的非光化学
淬灭参数中 Y（NPQ）显著升高，LKCOR 处理的非光化学淬灭
参数中 Y（NPQ）、NPQ 和 qN 均显著升高。与 LK 处理相比，
LKCOR 处理棉花子叶 PSⅡ 的光化学淬灭参数中 qL 显著下降，
非光化学淬灭参数中除 Y（NO）显著减少外，Y（NPQ）和 qN

均显著升高。

表 3-2　不同钾营养水平及冠菌素调控低钾水平对子叶 PSⅡ
光化学淬灭参数和非光化学淬灭参数的影响

处理	光化学淬灭参数		非光化学淬灭参数			
	qP	qL	Y (NO)	Y (NPQ)	NPQ	qN
HK	0.69a	0.34a	0.30ab	0.16c	0.54b	0.40b
LK	0.40b	0.21b	0.37a	0.38b	0.73ab	0.57b
LKCOR	0.34b	0.12c	0.26b	0.50a	0.95a	0.60a

注：HK 为对照，LK 为低钾处理，LKCOR 为低钾＋冠菌素处理。重复＝5。不同字母表示同一测定指标不同处理间差异显著（$P<0.05$）。

如表 3-3 所示，与 HK 相比，LK 和 LKCOR 处理棉花子叶 PSⅠ的 Y（Ⅰ）、ETR（Ⅰ）、Y（ND）显著下降，Y（NA）均显著升高；与 LK 处理相比，LKCOR 处理棉花子叶 PSⅠ参数无显著差异。

表 3-3　不同钾营养水平及冠菌素调控低钾水平
对子叶 PSⅠ叶绿素荧光参数的影响

处理	Pm	Y (I)	ETR (I)	Y (ND)	Y (NA)
HK	1.75a	0.73a	84.56a	0.10a	0.17b
LK	2.08a	0.32b	36.98b	0.00b	0.67a
LKCOR	1.93a	0.25b	29.03b	0.00b	0.75a

注：HK 为对照，LK 为低钾处理，LKCOR 为低钾＋冠菌素处理。重复＝5。不同字母表示同一测定指标不同处理间差异显著（$P<0.05$）。

3.2.2.2　不同钾营养水平及冠菌素调控低钾水平在半饱和光照强度条件下对子叶 PSⅡ 与 PSⅠ叶绿素荧光拟合参数的影响

如表 3-4 所示，在半饱和光照强度条件下，随着光照强度的增加，与 HK 相比，LK 和 LKCOR 处理棉花子叶 PSⅡ的 a、

$rETR_{max}$ 和 I_k 值显著下降；与 LK 处理相比，LKCOR 处理棉花子叶 PSⅡ 的不同光照强度下拟合参数值无显著差异。

表 3 - 4　不同钾营养水平及冠菌素调控低钾水平对子叶 PSⅡ 在递增光照强度下拟合参数的影响

处理	$Fv/Fm \times rETR_{factor/2}$	a	$rETR_{max}$ $(\mu mol \cdot m^{-2} \cdot s^{-1})$	I_k $(\mu mol \cdot m^{-2} \cdot s^{-1})$
HK	0.32a	0.34a	86.10a	252.17a
LK	0.30b	0.23b	30.57b	135.73b
LKCOR	0.30b	0.19b	31.27b	167.13b

注：HK 为对照，LK 为低钾处理，LKCOR 为低钾＋冠菌素处理。重复＝5。不同字母表示同一测定指标不同处理间差异显著（$P<0.05$）。

如表 3-5 所示，在半饱和光照强度条件下，随着光照强度的增加，与 HK 相比，LK 和 LKCOR 处理棉花子叶 PSⅠ 的 a 显著下降；与 LK 处理相比，LKCOR 处理棉花子叶 PSⅠ 的 a 显著下降，但 I_k 值显著增加。

表 3 - 5　不同钾营养水平及冠菌素调控低钾水平对子叶 PSⅠ 在递增光强度下拟合参数的影响

处理	a	$rETR_{max}$ $(\mu mol \cdot m^{-2} \cdot s^{-1})$	I_k $(\mu mol \cdot m^{-2} \cdot s^{-1})$
HK	0.50a	134.83a	269.97b
LK	0.31b	148.10a	483.77b
LKCOR	0.17c	134.93a	804.40a

注：HK 为对照，LK 为低钾处理，LKCOR 为低钾＋冠菌素处理。重复＝5。不同字母表示同一测定指标不同处理间差异显著（$P<0.05$）。

3.3　讨论与结论

钾营养会影响植物叶片的光合能力，缺钾会导致叶绿素含量、最大光合效率、实际光化学效率、光化学淬灭参数等下降，非光化学淬灭参数如代表光保护的重要指标 Y（NPQ）升高（Wang，2006；梁振娟 等，2013），从而导致作物产量或生物量减少。冠菌素是一种新型植物生长调节剂，可以通过调控幼苗的生长、细胞膜系统、渗透调节系统、光合系统和抗氧化系统等，对遭受非生物逆境胁迫的植物进行调节，改善幼苗叶片的光合特性，从而提高叶绿素含量、实际光合效率等（张甜 等，2018；杨德光 等，2018）。

　　本研究在黑暗条件下对不同钾营养水平及冠菌素调控低钾水平子叶 PSⅡ和 PSⅠ的叶绿素荧光参数进行测定，结果表明，缺钾会使棉花幼苗的叶绿素含量及 PSⅡ最大光合效率即潜在的光能转换效率、实际的光合量子产量、光化学淬灭参数显著减下降，同时光损伤和光保护能力增加。这说明棉花缺钾时吸收的能量用于进行光化学反应的比例和光合活性显著减少。且缺钾可能导致棉花幼苗 PSⅡ受到光损伤，不能把过剩的光能完全消耗掉，因此植物通过增加 Y（NPQ）来进行自我保护，但不能完全恢复至正常状态，致使实际光合量子产量减少。但冠菌素调控下的缺钾幼苗叶绿素含量及 PSⅡ最大光合效率即潜在的光能转换效率、实际的光合量子产量增加，同时光损伤显著减少，光保护能力显著增加。因此，冠菌素会通过减少 PSⅡ光损伤和提高光保护能力的方式来提高光合量子产量。与此同时，相较于对照，缺钾使 PSⅠ实际光合量子产量和由供体侧限制引起的 PSⅠ非光化学能量耗散的量子产量显著减少，由受体侧限制引起的 PSⅠ非光化学能量耗散的量子产量显著升高。可能是暗适应后，低钾处理的卡尔文循环的关键酶失活引起 Y（NA）的升高；或光照下低钾处理的幼苗由卡尔文循环受到损伤引起的 PSⅠ受体侧电子累积也会引起 Y（NA）的升高。

　　对不同钾营养水平及冠菌素调控低钾水平棉花子叶 PSⅡ和 PSⅠ采用递增的光照强度进行测定，结果表明，棉花幼苗在缺钾时，随着光照强度的升高，PSⅡ的光合器官对光能的利用效率、潜在最大相对电子传递效率和耐受强光的能力会显著下降，且冠菌素并未对其起到显著调控作用。在 PSⅠ中，随着光照强度的增加，缺钾会导致光合器官对光能的利用效率显著下降，从而对强光的耐受能力也下降，但冠菌素调控下的低钾水平使其强光耐受能力提高。

4 棉花幼苗 AWF 提取方法建立与优化

4.1　材料与方法

4.1.1　幼苗培养方法

选用美国孟山都公司的棉花品种 DP99B 作为材料。当种子萌发 3d 时，选取茎长 5cm 左右的幼苗移栽至营养液中培养。霍格兰氏营养液组成为：2.5mmol·L^{-1} 的 Ca（NO_3）$_2$，1mmol·L^{-1} 的 $MgSO_4$，0.5mmol·L^{-1} 的 $NH_4H_2PO_4$，2mmol·L^{-1} 的 NaCl，$2×10^{-4}$ mmol·L^{-1} 的 $CuSO_4$，$1×10^{-3}$ mmol·L^{-1} 的 $ZnSO_4$，0.1mmol·L^{-1} 的 EDTA－FeNa，0.02mmol·L^{-1} 的 H_3BO_3，$5×10^{-6}$ mmol·L^{-1} 的（NH_4）$_6Mo_7O_{24}$，$1×10^{-3}$ mmol·L^{-1} 的 $MnSO_4$，2.5mmol·L^{-1} 的 KCl。幼苗培养的光照强度为 $350\mu mol·m^{-2}·s^{-1}$，光照/黑暗时间为 14h/10h，昼/夜温度为 30℃/25℃，相对湿度为 50%～60%。每隔 3d 更换一次营养液，培养 9d 后，分别取棉花的根系和子叶进行 AWF 分离方法建立。

4.1.2　AWF 分离方法建立与优化

4.1.2.1　取样方法优化

（1）根系取样方法优化

本研究根系优化取样方式分为根段取样和整条根取样：a. 用解剖刀在根茎交界处切断。b. 将根系放入蒸馏水中轻轻冲洗 2 次（洗去根系表面的营养液和切口的破碎细胞）。c. 用吸水纸蘸干表面水分。d. 处理好的根系一半用解剖刀将根系切成 1cm 根段后，放入蒸馏水中清洗 3 次（洗去切口破碎细胞）立刻称重，作为根段材料；剩余的完整根系直接称重，作为整根材料。

根系 AWF 分离方法：a. 将根段材料和整根材料分别立即浸入盛有真空浸提液（50mmol·L^{-1} pH6.9 的磷酸缓冲液）的 50mL 小烧杯中。b. 烧杯放入底部盛满碎冰的真空压力室中。c. 抽真空至－80kPa（真空度 80kPa），保持 1min。d. 用滤网捞出材料。e. 轻轻蘸干表面水分。f. 立刻称重。g. 将根段材料放入底部有小洞的 10mL 离心管中，然后将离心管放入 30mL 的大离心管中；整根材料从根尖开始在 5mL 枪头的枪尖上向上缠绕，枪头尖朝下放入扎有两个 1mm 孔径并与注射器头呈等边三角形的 20mL 注射器中，然后将注射器放在 50mL 离心管中。h. 在 4℃条件下 $800 \times g$ 的离心力分别离心 10min 和 20min，于外部 30mL 和 50mL 的大离心管底部收集到的液体为 AWF。

（2）子叶取样方法优化

子叶优化取样方式分为打孔取样和完整子叶取样两种方式：a. 用解剖刀在两片子叶与叶柄交界处切断。b. 子叶放入蒸馏水中轻轻冲洗 2 次（洗去切口破碎细胞）。c. 用吸水纸蘸干表面水分。d. 部分子叶用内直径为 1cm 的打孔器避开主叶脉进行打孔，打孔获得的圆形叶片，放入蒸馏水中清洗 3 次（洗去切口破碎细胞）立刻称重，作为打孔叶子叶材料；剩余完整子叶直接称重，作为整叶材料。

叶片 AWF 分离方法：a. 将两种子叶材料分别立即浸入盛有真空浸提液（50mmol·L^{-1} pH 6.9 的磷酸缓冲液）的 50mL 小烧杯中。b. 烧杯放入底部盛满碎冰的真空压力室中。c. 抽真空至 -80kPa，保持 1min。d. 用滤网捞出材料。e. 轻轻蘸干表面水分。f. 立刻称重。g. 将打孔叶取样材料放入底部有小洞的 10mL 离心管中，然后将离心管放入 30mL 大离心管中；将整叶材料用 Parafilm 封口膜将叶片固定在 5mL 枪头上，伤口方向与枪头方向相反，将枪头朝下放入扎有两个 1mm 孔径并与注射器头呈等边三角形的 20mL 注射器中，然后把注射器放在 50mL 离心管内。h. 采用 4℃条件下 $400 \times g$ 的离心力离心 5min，于外部 30mL 和 50mL 的大离心管底部收集到的液体为 AWF。

（3）质内体汁液提取

将去除 AWF 后的根系再去除主根或将去除 AWF 后的子叶再去除主叶脉进行研磨，用 100mmol·L^{-1} 含 1mmol·L^{-1} EDTA－Na$_2$ 和 1% 交联聚乙烯吡啶烷酮（PVPP）的磷酸缓冲液（pH=7.5）浸提，4℃条件下，15 000$\times g$ 的离心力离心 20min，取上清液，即为质内体汁液（symplast washing fluid，SWF）。

（4）对 AWF 提取质量水平进行鉴定

测定 AWF 的单位鲜重的根或子叶样品的体积、相对电导率及

AWF 和 SWF 的可溶性蛋白含量与 MDH 酶活性。可溶性蛋白含量测定采用考马斯亮蓝法（曲春香 等，2006），MDH 酶活性测定采用草酰乙酸法（Lohaus et al.，2001），相对电导率的测定使用 DDS‑307 电导率仪，参考 Lutts 的方法（Lutts et al.，1996）。

采用 AWF 和 SWF 的 MDH 酶活性之比是否低于 3％为限来判断分离的 AWF 受 SWF 蛋白污染率的高低，比值越低说明 AWF 受膜内污染率越低；通过 AWF 和 SWF 的可溶性蛋白含量之比及 AWF 获得体积的多少来判断 AWF 分离质量，值越高则说明分离的 AWF 越好。

4.1.2.2 抽真空条件优化

（1）样品是否需要抽真空优化

①真空前后增重。根据根系或子叶在抽真空前后的重量是否增加，可以判断真空渗透液是否进入根系或子叶内，即可判断根系或子叶是否需要抽真空。

②AWF 稀释因子。稀释因子指根系或子叶在真空渗透后，渗透液光密度与渗透液和 AWF 光密度差值的比值。如果稀释因子大于 1 则说明 AWF 被稀释了，即有抽真空的必要；如果约等于 1，则不需要抽真空。

③真空渗透液优化。纯水是水势最高的液体，它会很容易移动进入细胞壁，浸润细胞壁。因此，采用真空渗透液 A（50mmol·L^{-1} 靛蓝二磺酸钠溶液）和真空渗透液 B（50mmol·L^{-1} 靛蓝二磺酸钠溶液）进行真空渗透液优化。

确定根系样品是否需要抽真空的操作：a. 将优化取样方法后的根段、整根样品蘸干表面水分称重。b. 分别浸入盛有真空渗透液 A 和真空渗透液 B 的 50mL 小烧杯中。c. 把小烧杯放入底部盛满碎冰的真空压力室中。d. 抽真空至－60kPa（真空度 60kPa），保持 1min。e. 小心取出样品，用蒸馏水冲洗干净样品表面的溶液后用吸水纸小心蘸干样品表面的水分，称重。f. 采用 4℃条件下 800×g 离心 20min 的方式进行 AWF 收集。g. 测定真空渗透液在 610nm 处的光密度，记为 $OD_{610渗透液}$；收集带标记的 AWF，测定其在 610nm 处的光密度，记为 OD_{610AWF}。AWF 稀释因子计算：稀释因子＝$OD_{610渗透液}$/（$OD_{610渗透液}$－OD_{610AWF}）。

确定子叶样品是否需要抽真空的操作：a. 将优化取样方法后的打孔子叶和完整子叶样品蘸干表面水分称重。b. 分别浸入盛有真空渗透液 A 和真空渗透液 B 的 50mL 小烧杯中。c. 把小烧杯放入底部盛满碎冰的真空压力室中。d. 抽真空至－60kPa，分别保持该状态在 1min 和 2min 时观察子叶状态。子叶抽真空时间为 1min时，子叶呈现 50％左右不均匀的叶色变深，叶片比较坚挺，记为半绿；抽真空时间 2min 时，子叶基本全部叶色变深，叶片比较坚挺，记为全绿，故设两个抽真空时间。e. 小心取出样品，用蒸馏水冲洗干净样品表面的溶液后用吸水纸小心蘸干样品表面的水分，称重。f. 采用 4℃ 条件下 400×g 离心 5min 的方式进行 AWF 收集。g. 测定真空渗透液在 610nm 处的光密度，记为 $OD_{610渗透液}$；收集带标记的 AWF，测定其在 610nm 处的光密度，记为 OD_{610AWF}。AWF 稀释因子计算同上。

（2）需抽真空的真空条件优化

真空度和真空保持时间的优化方法：采用 50mmol·L^{-1} pH 6.9 的磷酸缓冲液和去离子水两种抽真空渗透液，在压力室放有碎冰条件下，以 30kPa、60kPa、90kPa 的真空度和 1min、2min、4min 的真空渗透时间进行抽真空条件优化。测定单位鲜重的 AWF 体积、AWF 和 SWF 的 MDH 酶活性之比、可溶性蛋白含量之比，方法同上。

抽真空结束后压强恢复时间的优化方法：样品称重后用 60mL 蒸馏水浸泡，35℃ 下振荡 2h，测定溶液电导率，再 120℃ 加热 20min 后冷却至室温，测定溶液电导率，设为对照组样品。样品称重后，置于 50mmol·L^{-1} pH6.9 的磷酸缓冲液中真空渗透，打开真空泵，60s 后真空度达到 60kPa，保持 1min，关闭真空泵，真空恢复正常压强时间设为 110s，恢复压强后静置 1min，取出样品，蘸干表面水分，装入离心管，在 4℃、400×g 下离心 5min，分离 AWF，所得样品用 60mL 蒸馏水浸泡，35℃ 下振荡 2h，测定溶液电导率，随后样品 120℃ 处理 20min 后冷却至室温，测定溶液电导率，设为真空慢速恢复正常压强的样品。样品称重后，置于 50mmol·L^{-1} pH6.9 的磷酸缓冲液中真空渗透，打开真空泵，60s 后真空度达到 60kPa，保持 1min，关闭真空泵，真空恢复正常压强时间设为 50s（通气口全打开），恢复后静置 1min，取出样品，蘸干表面水分，装入离心管，在 4℃、400×g 下离心 5min，分离 AWF，所得用 60mL 蒸馏水浸泡，35℃ 下振荡 2h，测定溶液电导率，随后样品 120℃ 处理 20min 后冷却至室温，测定溶液电导率，设为真空快速恢复正常压强的样品。

4.1.2.3 离心力和离心时间条件优化

（1）根系离心力和离心时间条件的优化

根系离心力和离心时间条件优化步骤：在 4℃ 环境下，以 800×g、1 000×g、1 200×g 的离心力分别离心 5min、10min、20min，离心结束后立即收集离心管底部的 AWF（图 4-1），并记录单位鲜重获得的根系 AWF 体积。

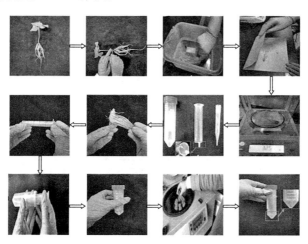

图 4-1 根系 AWF 分离步骤

分别测定离心管底部的 AWF 和 SWF 的可溶性蛋白含量和 MDH 酶活性，测定方法同上。

（2）子叶离心力和离心时间条件的优化

子叶离心力和离心时间条件优化步骤：在4℃环境下，以400×g、800×g的离心力分别离心5min和10min，离心结束后立即收集离心管底部的AWF，并记录单位鲜重样品获得的根系AWF体积。

分别测定离心管底部的AWF和SWF的可溶性蛋白含量和MDH酶活性，测定方法同上。

4.2 结果与分析

4.2.1 AWF分离取样方法优化

4.2.1.1 根系AWF分离取样方法优化

由表4-1可知，采用800×g离心10min或20min时，根段取样方式单位鲜重获取的AWF体积、AWF和SWF可溶性蛋白含量之比、AWF和SWF MDH酶活性之比与AWF相对电导率均高于整根取样的方式。且根段取样方式相较于整根取样方式，根段取样AWF和SWF可溶性蛋白含量之比与AWF和SWF MDH酶活性之比均显著增加。离心时间为10min和20min时，与整根取样方式相比，根段取样方式的AWF和SWF可溶性蛋白含量之比分别增加207.69％和71.43％，AWF和SWF MDH酶活性之比分别增加360.00％和733.33％。

表4-1 棉花幼苗根系AWF分离段根和整根取样方式优化

取样方式	AWF 体积（$\mu L \cdot g^{-1}$）		AWF 和 SWF 可溶性蛋白含量之比（%）		AWF 和 SWF MDH 酶活性之比（%）		AWF 相对电导率（%）	
	10min	20min	10min	20min	10min	20min	10min	20min
根段	106.53a	124.56a	0.40a	0.24a	0.23a	0.25a	12.80a	11.70a
整根	91.06a	96.55a	0.13b	0.14b	0.05b	0.03b	10.70a	9.91a

注：AWF为质外体汁液，SWF为质内体汁液，MDH为苹果酸脱氢酶。10min为以800×g的离心力离心10min，20min为以800×g的离心力离心20min。重复≥3。不同字母表示同一测定指标不同处理间差异显著（$P < 0.05$）。

4.2.1.2 子叶 AWF 分离取样方法优化

由表 4-2 可知，相同条件下，与整叶取样方式相比，打孔取样方式单位鲜重获取的 AWF 体积、AWF 和 SWF 可溶性蛋白含量之比、AWF 和 SWF MDH 酶活性之比、AWF 相对电导率均显著增加，且分别增加了 59.22%、500.00%、888.88%、498.38%。

表 4-2　棉花幼苗子叶 AWF 分离整叶和打孔取样方式优化

取样方式	AWF 体积（$\mu L \cdot g^{-1}$）	AWF 和 SWF 可溶性蛋白含量之比（%）	AWF 和 SWF MDH 酶活性之比（%）	AWF 相对电导率（%）
打孔	191.06a	2.34a	0.89a	11.07a
整叶	120.00b	0.39b	0.09b	1.85b

注：AWF 为质外体汁液，SWF 为质内体汁液，MDH 为苹果酸脱氢酶。重复≥3。不同字母表示同一测量指标不同处理间差异显著（$P<0.05$）。

4.2.2　AWF 分离抽真空条件优化

4.2.2.1　样品是否需要抽真空优化

如表 4-3 所示，棉花根系浸入真空渗透液 A 和真空渗透液 B 真空渗透前后的增重分别为 -1.22% 和 -1.13%，重量略有下降。且棉花根系真空渗透后，使用真空渗透液 A 和真空渗透液 B 的 AWF 稀释因子分别为 1.03 和 1.05，AWF 几乎没有被稀释。以上结果说明：可能因为棉花幼苗使用的是水培的方法，其根系一直浸泡在水中，细胞壁间隙中气体较少，植物体水势和外界水势达到了平衡或大于真空渗透液，致使渗透液无法进入细胞壁中。但离心的方式可以离心出 AWF，说明真空渗透对棉花幼苗根系的 AWF 提取作用不大，即不需抽真空。

棉花幼苗子叶在真空渗透后，在不同的真空渗透液和不同的抽真空条件下抽真空均有增重效果，且稀释因子均远大于 1，说明棉花幼苗子叶需要抽真空。同时发现与使用真空渗透液 A 相比，使用真空渗透液 B 时，分别抽真空 1min 和 2min 的前后增重和稀释因子均较低，因此选用真空渗透液 B 作为子叶真空渗透液更为适宜。

钾营养与棉花质外体氧化还原平衡

表 4-3　棉花幼苗根系和子叶是否需抽真空优化

部位	真空渗透液	真空时间 （min）	根/叶颜色 状态	增重 （%）	稀释因子
根系	真空渗透液 A	1	不变	−1.22d	1.03d
	真空渗透液 B	1	不变	−1.13d	1.05d
子叶	真空渗透液 A	1	半绿	33.94c	2.20c
	真空渗透液 B	1	半绿	31.50c	2.12c
	真空渗透液 A	2	全绿	41.41a	3.34a
	真空渗透液 B	2	全绿	37.63b	2.57b

注：真空渗透液 A 为 $50\mu mol \cdot L^{-1}$ 靛蓝二磺酸钠溶液；真空渗透液 B 为 50mmol·L^{-1} 靛蓝二磺酸钠溶液。子叶真空保持时间为 1min 时，子叶呈现 50% 左右不均匀的叶色变深，叶片比较坚挺，记为半绿；真空保持时间为 2min 时，子叶呈现基本全部叶色变深，叶片比较坚挺，记为全绿。增重为样品真空前后重量差值与真空后样品重量的比值。重复≥3。不同字母表示同一测定指标不同处理间差异显著（$P<0.05$）。

4.2.2.2　需抽真空的真空条件优化

（1）棉花幼苗子叶 AWF 真空度优化

由表 4-4 可知，棉花幼苗子叶在 60kPa 真空度下单位鲜重获得的 AWF 体积、AWF 和 SWF 可溶性蛋白含量之比均显著高于 30kPa、90kPa 真空度下的值，AWF 和 SWF MDH 酶活性之比（反映受膜内物质污染率）显著高于 30kPa 真空度下的值，且与 90kPa 真空度下的值无显著差异，因此选择 60kPa 真空度作为棉花幼苗子叶最适真空度。

表 4-4　棉花幼苗子叶 AWF 分离真空度条件优化

真空度 （kPa）	抽真空时间 （min）	AWF 体积 （$\mu L \cdot g^{-1}$）	AWF 和 SWF 可溶性 蛋白含量之比 （%）	AWF 和 SWF MDH 酶活性之比 （%）
30	1	69.80c	0.44c	0.15b
60	1	177.55a	0.82a	0.27a
90	1	128.85b	0.68b	0.27a

注：AWF 为质外体汁液，SWF 为质内体汁液，MDH 为苹果酸脱氢酶。重复≥3。不同字母表示同一测定指标不同处理间差异显著（$P<0.05$）。

（2）棉花子叶 AWF 真空保持时间优化

由表 4-5 可知，真空保持 1min 处理单位鲜重获取的 AWF 体积显著低于抽真空 2min 和 4min 处理，且分别是两者的 48.6% 和 87.8%。真空保持 1min 和 2min 处理 AWF 和 SWF 可溶性蛋白含量之比无显著差异，但均低于真空保持 4min 处理，且分别是抽真空 4min 处理的 60.3% 和 57.4%。不同真空保持时间的处理 AWF 和 SWF MDH 酶活性之比存在显著差异，其中真空保持 1min 处理分别是真空保持 2min 和 4min 处理的 38.0% 和 28.4%；真空保持 2min 处理是真空保持 4min 处理的 74.7%。

表 4-5　棉花幼苗子叶 AWF 分离抽真空时间条件优化

真空保持时间 (min)	子叶颜色状态	AWF 体积 ($\mu L \cdot g^{-1}$)	AWF 和 SWF 可溶性蛋白含量之比 (%)	AWF 和 SWF MDH 酶活性之比 (%)
1	半绿	177.54c	0.82b	0.27c
2	全绿	365.23a	0.78b	0.71b
4	过绿	202.10b	1.36a	0.95a

注：AWF 为质外体汁液，SWF 为质内体汁液，MDH 为苹果酸脱氢酶。子叶真空保持时间为 1min 时，子叶呈现 50% 左右不均匀的叶色变深，叶片比较坚挺，记为半绿；真空保持时间为 2min 时，子叶呈现基本全部叶色变深，叶片比较坚挺，记为全绿。真空保持时间为 4min 时，子叶全部叶色变深，子叶变得柔软时，记为过绿。重复≥3。不同字母表示同一测定指标不同处理间差异显著（$P < 0.05$）。

（3）棉花子叶 AWF 真空后恢复正常压强时间优化

由表 4-6 可知，以子叶的相对电导率为指标，未抽真空处理和缓慢恢复压强处理间差异不显著，快速恢复压强处理显著高于未抽真空处理和缓慢恢复压强处理，分别高出 114.66% 和 137.14%，故对子叶进行真空渗透时采取缓慢温和的方法恢复压强。

4.2.3　AWF 分离离心力和离心时间优化

4.2.3.1　根系 AWF 分离离心力和离心时间优化

由表 4-7 可知，当使用不同的离心力和离心时间分离棉花幼苗根系 AWF 时，1 200×g 离心 10min 的单位鲜重获得的 AWF 体积最大；800×g 离心 20min 的方式次之。1 200×g 离心 10min 的 AWF 和 SWF 可溶性蛋白含量之比最高；800×g 离心 20min 的方式次之，且与其差异不显著。1 200×g 离心 5min AWF 和 SWF MDH 酶活性之比最高，即 AWF 受细胞膜内物质污染率最高；1 200×g 离心 10min 次之，且与其相比差异显著。

表 4-6　棉花幼苗子叶 AWF 分离真空结束后压强恢复时间的优化

子叶状态	抽真空时间 （min）	真空恢复时间 （s）	相对电导率 （%）
未真空	1	0	1.16b
真空	1	110	1.05b
真空	1	50	2.49a

注：未真空为子叶用真空渗透液浸泡未经过抽真空，真空为子叶用真空渗透液浸泡同时抽真空。重复≥3。不同字母表示同一测定指标不同处理间差异显著（$P<0.05$）。

表 4-7　棉花幼苗根系 AWF 分离离心力和离心时间优化

离心力 （×g）	离心时间 （min）	AWF 体积 （$\mu L \cdot g^{-1}$）	AWF 和 SWF 可溶性 蛋白含量之比 （%）	AWF/SWF MDH 酶活性之比 （%）
	5	69.566c	0.013d	0.016e
400	10	80.809bc	0.057c	0.022e
	20	81.500bc	0.054c	0.022de
	5	69.041c	0.072b	0.037e
800	10	87.103b	0.102b	0.048d
	20	93.000b	0.150a	0.031c
1 200	5	88.590b	0.124a	0.195b
	10	114.338a	0.174a	0.101a

注：AWF 为质外体汁液，SWF 为质内体汁液，MDH 为苹果酸脱氢酶。重复≥3。不同字母表示同一测定指标不同处理间差异显著（$P<0.05$）。

4.2.3.2　子叶 AWF 分离离心力和离心时间优化

（1）离心力优化

由表 4-8 可知，在相同条件下，采用 $400 \times g$ 和 $800 \times g$ 离心力单位鲜重获得的 AWF 体积与 AWF 和 SWF 可溶性蛋白含量之比均无显著差异，但离心力为 $400 \times g$ 的 AWF 和 SWF MDH 酶活性之比显著低于 $800 \times g$ 离心力的处理，且减少了 59.09%。

表 4-8　棉花幼苗子叶 AWF 分离离心力优化

离心力 （$\times g$）	AWF 体积 （$\mu L \cdot g^{-1}$）	AWF 和 SWF 可溶性 蛋白含量之比 （$\%$）	AWF 和 SWF MDH 酶活性之比 （$\%$）
400	177.54a	0.82a	0.27b
800	181.86a	0.85a	0.66a

注：AWF 为质外体汁液，SWF 为质内体汁液，MDH 为苹果酸脱氢酶。重复≥3。不同字母表示同一测定指标不同处理间差异显著（$P < 0.05$）。

（2）离心时间优化

由表 4-9 可知，在相同条件下，采用 5min 和 10min 离心时间单位鲜重获得的 AWF 体积与 AWF 和 SWF 可溶性蛋白含量之比均无显著差异，但离心时间为 5min 的 AWF 和 SWF MDH 酶活性之比显著低于离心 10min 的处理，且减少了 67.86%。

表 4-9　棉花幼苗子叶 AWF 分离离心时间优化

离心时间 （min）	AWF 体积 （$\mu L \cdot g^{-1}$）	AWF 和 SWF 可溶性 蛋白含量之比 （$\%$）	AWF 和 SWF MDH 酶活性之比 （$\%$）
5	177.54a	0.82a	0.27b
10	186.40a	1.04a	0.84a

注：AWF 为质外体汁液，SWF 为质内体汁液，MDH 为苹果酸脱氢酶。重复≥3。不同字母表示同一测定指标不同处理间差异显著（$P < 0.05$）。

4.3　讨论

4.3.1　AWF 分离时取样组织整体性

质外体是一个具有广泛生理功能的动态空间。依据实验目的、实验材料和培养条件等不同，获得 AWF 时可以将根系切成段或利用完整根系，可以将叶片用打孔器打成小圆片、切成片段或利用完整叶片。如营养液培养水稻幼苗根系切成 5cm 长根段（Zhou，2011），玉米幼苗 12mm 初生根根尖及伸长区不同部位（从根尖向后 3～7mm 及 7～12mm）（Zhu et al.，2007），羽扇豆和豌豆的 2cm 长根尖（Yu et al.，1999）等用于获得 AWF。玉米第 5 片和第 6 片真叶被切成 5.5cm 长片段（Witzel et al.，2011），青葱叶被切成 1cm 长片段（Ganguly et al.，2011；Cakmak et al.，2012），接种稻瘟菌后的完整水稻叶片（Shenton et al.，2012），完整拟南芥叶片（Araya et al.，2015），6 周苗龄的蚕豆完整叶片以及大麦、菠菜和玉米等不含中脉的 11cm^2 叶片片段（Lohaus et al.，2001）等用于 AWF 分离。采用完整根系或叶片分离 AWF，可以获取组织器官本身各部位的 AWF，有利于研究 AWF 蛋白质组或代谢组等的整体情况，而且相对于获取局部组织而言，操作方便简单。

4.3.2　真空渗透-离心法与直接离心法

质外体空间的蛋白质和代谢物有的以共价键形式结合在细胞壁上，有的以离子键紧密结合在细胞壁上，还有大部分溶解在质外体空间流动的汁液中或以离子键松散结合在细胞壁上，获得 AWF 时通常获得溶解在其中及以离子键松散结合在细胞壁上的蛋白质和代谢物（Zhu et al.，2007）。分离 AWF 是只离心还是先真空渗透再离心，取决于 AWF 的可获得性。目前研究报道的根系分离 AWF 的方法有直接离心法（Yu et al.，1999）或真空渗透-离心法（Zhu et al.，2007；Zhou，2011），而叶片均是采用真空渗透-离心法（Lohausa et al.，2001；Witzel et al.，2011；Shenton et al.，

2012；Araya et al.，2015）。是否在离心前需先真空渗透，可依据真空渗透后，组织器官鲜重是否增加及 AWF 稀释因子的大小确定。本实验分别对根系和子叶进行真空渗透-离心发现，根系鲜重不增加且根的 AWF 稀释因子趋近于 1（表 4-3），说明渗透缓冲液未进入根系质外体空间；子叶重量显著增加且质外体稀释因子大于 2（表 4-3），说明渗透缓冲液进入了子叶质外体空间。由此可见，营养液培养条件下，棉花根系 AWF 分离可以直接离心，与羽扇豆和豌豆根系分离 AWF 研究的一致。然而，水稻根系和玉米根系分离 AWF 时需分别以抽真空至 -70 kPa 和 -50 kPa 渗透 15min 后再离心（Zhu et al.，2007；Zhou，2011）。棉花子叶汁液分离需先真空渗透再离心，这与其他分离叶片 AWF 报道的研究一致（Lohaus et al.，2001；Nouchi et al.，2016）。

不同植物叶片因结构和组成的差异，采取真空渗透的时间和强度不同（Nouchi et al.，2016）。例如，青葱叶片抽真空至 -70 kPa 渗透 15min（Cakmak et al.，2012）；玉米叶片抽真空至 -20 kPa 渗透（Witzel et al.，2011）；拟南芥叶片抽真空至 -80 kPa 渗透 5 次，每次 2min（Araya et al.，2015）。不同植物组织离心分离 AWF 时的离心力和离心时间同样存在很大差异。真空渗透后的蚕豆、玉米、菠菜和大麦叶片分别在 $75×g$、$90×g$、$220×g$、$620×g$ 的离心力下离心 4min（Lohaus et al.，2001）；不同液体真空渗透后的玉米叶片在 $400×g$ 的离心力下离心 5min（Witzel et al.，2011）；真空渗透后的青葱叶片在 $1\ 500×g$ 的离心力下离心 20min（Cakmak et al.，2012）；真空渗透后的水稻根系在 $1\ 000×g$ 的离心力下离心 10min（Zhou，2011）。

AWF 中 MDH 活性（Valeria et al.，2005；Alves et al.，2006；Li et al.，2016；Willick et al.，2018）和 6-磷酸葡萄糖脱氢酶（G6PDH）活性（Zhu et al.，2007；Zhou，2011）通常被作为判定 AWF 是否受 SWF 蛋白污染的指标（Taşgin et al.，2006）。成功分离的 AWF 中 MDH 酶活性和 SWF MDH 酶活性比值通常很小。如小麦根系小于 0.5%（Willick et al.，2018），棉花根系小

于 4.2%（Li et al.，2016），三叶草叶片小于 3%（Alves et al.，2006），烟草叶片小于 0.5%（Valeria et al.，2005）。

综上所述，棉花幼苗根系的最适 AWF 分离条件为采用直接离心法，且 4℃下 $800 \times g$ 离心 20min；子叶最适 AWF 分离条件为 4℃下，在 50mmol·L^{-1} 的磷酸缓冲液（pH6.9）中抽真空 -60kPa，保持 1min 后，110s 缓慢恢复到常压，进行 $400 \times g$ 离心 5min。

5 钾营养与棉花 AWF 氧化还原平衡

5.1 实验材料与方法

采用美国孟山都公司培育的钾敏感性材料棉花品种 DP99B。

5.1.1 幼苗培养与 AWF 获得方法

幼苗培养方法及处理同 2.1.1，将处理 6d 的根系和子叶取样后，根系采用 4℃下 $800×g$ 离心 20min 收集 AWF；子叶采用 4℃下，在 50mmol·L^{-1} 的磷酸缓冲液（pH6.9）中抽真空（-60kPa）1min 后，110s 缓慢恢复到常压，$400×g$ 离心 5min 收集 AWF。然后用 AWF 进行氧化还原平衡指标测定。

5.1.2 实验方法

5.1.2.1 可溶性蛋白含量和 MDH 酶活性测定

（1）可溶性蛋白含量测定

根系和子叶 AWF 与 SWF 可溶性蛋白含量测定采用考马斯亮蓝法。

（2）MDH 酶活性

根系和子叶 AWF 与 SWF MDH 酶活性测定采用草酰乙酸法。

5.1.2.2 过氧化氢含量测定

测定原理：在酸性条件下，H_2O_2 将 Fe^{2+} 氧化成 Fe^{3+}，Fe^{3+} 进一步与二甲酚橙（XO）反应形成紫色的复合物（$Fe^{3+}-XO$）。此复合物的最大吸收波长在 560nm 处，在一定范围内，其颜色深浅与 H_2O_2 含量呈线性关系，在反应体系中加入山梨醇可提高测定 H_2O_2 的灵敏度。

SWF 的 H_2O_2 提取：将去除 AWF 的根系和去除主叶脉的子叶分别与预冷的丙酮以 1：10 研磨。在 10 000×g、4℃ 条件下离心 20min，取上清液。

H_2O_2 含量标线：按表 5-1 依次加入试剂，充分混匀后，恒温 30℃ 放置显色，取 200μL 上清液测 560nm 处光密度。

表5-1　H₂O₂含量测定标线

试管编号	1	2	3	4	5	6
100μmol 的 H₂O₂（μL）	0	60	120	180	240	300
去离子水（μL）	750	690	630	570	510	450
100mmol 的硫酸（含 0.8mmol 的硫酸亚铁铵）（μL）	750	750	750	750	750	750
山梨醇（μL）	750	750	750	750	750	750
二甲酚橙（μL）	750	750	750	750	750	750

H₂O₂ 含量测定：按表5-2依次加入试剂，充分混匀后，恒温30℃放置显色，取 200μL 上清液测 560nm 处光密度。

表5-2　H₂O₂含量测定试剂配制及用量

试剂	母液浓度 （mmol·L⁻¹）	使用浓度 （mmol·L⁻¹）	用量 （μL）
硫酸亚铁铵	0.8	0.2	50
硫酸（用水稀释）	100	25	
山梨醇	400	100	50
样品	—	—	50
二甲酚橙（用 25mmol·L⁻¹H₂SO₄ 溶解）	0.4	0.1	50

5.1.2.3　超氧阴离子含量测定

测定原理：O_2^- 与羟胺反应生成 NO_2^-，NO_2^- 在对氨基苯磺酸和 α-萘胺的作用下，生成粉红色的偶氮染料（1-萘胺-4-偶氮对苯磺酸）。此生成物在 530nm 波长处测定光密度，根据光密度可以算出样品中 O_2^- 含量。

SWF 的 O_2^- 提取：去除 AWF 的根系加入 10 倍体积的 50mmol·L⁻¹ 的磷酸钠缓冲液（pH 7.8）研磨浸提，4℃的温度下 10 000×g 离心 20min，取上清液。

O_2^- 含量测定标线：配制 50μmol·L⁻¹ 的亚硝酸钠溶液，按序号 1~6 编号 6 个离心管，并将之依次稀释为 0、10μmol·L⁻¹、

$20\mu mol \cdot L^{-1}$、$30\mu mol \cdot L^{-1}$、$40\mu mol \cdot L^{-1}$、$50\mu mol \cdot L^{-1}$ 的浓度梯度备用；按表 5 - 3 依次加入试剂，充分混匀，25℃ 水浴 20min，混匀后取 $200\mu L$，测定在 530nm 处的光密度。

表 5 - 3 O_2^- 含量测定标线

试剂	1	2	3	4	5	6
稀释过的亚硝酸钠溶液（mL）	0	1	1	1	1	1
PBS（pH 7.8）（mL）	1	1	1	1	1	1
对氨基苯磺酸（mL）	1	1	1	1	1	1
α - 萘胺（mL）	1	1	1	1	1	1
蒸馏水（mL）	1	0	0	0	0	0

注：PBS 为磷酸钠缓冲液。

O_2^- 含量测定：按表 5 - 4 依次加入试剂，充分混匀，遮光，25℃ 水浴 1h，测定在 530nm 处的光密度。

表 5 - 4 O_2^- 含量测定试剂配制及用量一

试剂	母液浓度（mmol · L^{-1}）	使用浓度（mmol · L^{-1}）	用量（μL）
PBS（pH 7.8）	50	6.25	50
盐酸羟胺	1	0.25	100
样品	—	—	50

按表 5 - 5 依次加入试剂，充分混匀，遮光，25℃ 水浴 20min，测定在 530nm 处的光密度。

表 5 - 5 O_2^- 含量测定试剂配制及用量二

试剂	母液浓度（mmol · L^{-1}）	使用浓度（mmol · L^{-1}）	用量（μL）
对氨基苯磺酸	17	4.25	100
α - 萘胺	7	1.75	100

5.1.2.4　氧化胁迫程度指标测定

（1）丙二醛（MDA）

①测定原理。MDA 是常用的膜脂过氧化指标，在酸性和高温条件下，可以与硫代巴比妥酸（TBA）反应生成红棕色的三甲川（3，5，5-三甲基噁唑-2，4-二酮），其最大吸收波长在 532nm。但是测定植物组织中 MDA 时受多种物质的干扰，其中最主要的是可溶性糖，糖与 TBA 显色反应产物的最大吸收波长在 450nm，但 532nm 处也有吸收。植物遭受干旱、高温、低温等逆境胁迫时可溶性糖增加，因此测定植物组织中 MDA-TBA 反应物质含量时，一定要排除可溶性糖的干扰。

②SWF 提取。取 0.5g 左右已被取出质外体的根系样品，加入 5mL 含 1mmol·L^{-1} EDTA 和 1％ PVPP 的 0.1mol·L^{-1}磷酸钠缓冲液（pH 7.5）研磨成匀浆后，在 4℃、15 000×g 离心 20min，每个处理 5 个重复。此提取液可用于测定可溶性蛋白含量，MDA、CAT、G-POD 和 NADH-POD、APX、SOD、GR 的活性。

③测定方法。根系与子叶的 AWF 与 SWF 样品分别与含 10％ 三氯乙酸（TCA）的 0.75％TBA 溶液按照根系样品 2∶1、子叶样品 1∶1 的比例进行混合，沸水浴 15min，4 000×g 离心 20min，取 200μL 上清液，测 450nm、532nm 和 600nm 处光密度。

④计算方法。

测定液中 MDA 浓度（C_{MDA}）=6.458×（OD_{532}−OD_{600}）×0.56×OD_{450}

提取的 AWF 或 SWF 中 MDA 浓度 ＝[（C_{MDA}×反应体系体积)/1 000]/上样量

样品 AWF 和 SWF 中 MDA 含量＝[AWF 或 SWF 中 MDA 浓度×提取液总量]/植物组织鲜重

其中，C_{MDA} 的单位为 μmol·L^{-1}；提取的 AWF 或 SWF 中 MDA 浓度的单位为 μmol·mL^{-1}；反应体系体积的单位为 μL；上样量的单位为 μL；样品 AWF 或 SWF 中 MDA 含量的单位为 μmol·g^{-1}；提取液总量的单位为 mL；植物组织鲜重的单位为 g。

（2）蛋白羰基化

①测定原理。羰基化反应又称羰基合成（oxo-synthesis），是反应蛋白质氧化损伤的重要指标。被氧化后的蛋白质羰基含量增多，羰基会和 2，4-二硝基苯肼发生反应并生成红棕色的 2，4-二硝基苯腙沉淀，用盐酸胍溶解沉淀后可在 370nm 处读取光密度。

②SWF 提取。称取 0.5g 去除质外体后的鲜根加入 10 倍体积的 50mmol·L^{-1} 磷酸盐（pH6.7，含有 1mmol·L^{-1} EDTA）研磨，4℃、10 000×g 离心 15min。

检查 280nm 和 260nm 处的上清液光密度以确定样品中是否存在污染性核酸。使用匀浆缓冲液作为空白。如果 280/260（280nm 和 260nm 处光密度比值）小于 1，则需要用 1％硫酸链霉素除去核酸，因为核酸可能使羰基浓度测量值偏高。每当 280/260 的比例小于 1 时，应将样品与样品中硫酸链霉素以 1％的最终浓度一起温育（10％硫酸链霉素储备溶液应在 50mmol·L^{-1} 磷酸钾、pH 7.2 中制备）。将根系或子叶的 AWF 和 SWF 在室温下孵育 15min，然后在 4℃、6 000×g 离心 10min，用上清液测定蛋白质羰基浓度。

③测定方法。

a. 将 200μL 样品转移到两个 2mL 离心管中。一管是样品管（S♯），另一个是控制管（C♯）。

b. 加入 800μL 的 2，4-二硝基苯肼到样品管，加入 800μL 的 2.5mol·L^{-1} 盐酸到控制管。

c. 在室温下暗处孵育两个试管（S♯ 和 C♯）1h。在孵育期间每 15min 涡旋振荡一次。

d. 向每个管中加入 1mL 20％TCA 并涡旋振荡。将管置于冰上孵育 5min。

e. 在微量离心机中于 4℃、10 000×g 离心 10min。

f. 弃去上清液并用 1mL 10％TCA 重悬沉淀。将管置于冰上，静置 5min。

g. 在微量离心机中于 4℃以 10 000×g 离心 10min。

h. 弃去上清液并用 1mL 乙醇/乙酸乙酯（1/1）混合物重悬沉

淀。用刮刀手动悬浮沉淀，充分涡旋，并在微量离心机中于4℃、10 000×g 离心 10min。

i. 重复 h 步两次。

j. 最后一次洗涤后，通过涡旋将蛋白质沉淀重悬于 500μL 盐酸胍中。

k. 在微量离心机中于4℃、10 000×g 离心 10min 以除去残留的碎片。

l. 将 220μL 来自样品管（S♯）的上清液转移到 96 孔板的两个孔中；

m. 将 220μL 来自控制管（C♯）的上清液转移到 96 孔板的两个孔中。

n. 使用酶标仪在 360~385nm 的波长处测量光密度。

④计算方法。

a. 计算每个样品和对照的平均光密度。

b. 计算校正光密度样品的平均光密度减去对照的平均光密度是校正的光密度（COD）。

c. 通过校正的光密度确定羰基浓度。公式如下：

$$羰基浓度＝(COD/0.011)×(500/200)$$

其中，羰基浓度单位为 nmol·mL^{-1}；0.011 是 2，4 - 二硝基苯肼在 370nm 处的实际消光系数，单位为 μmol·L^{-1}。

蛋白质在洗涤过程中会丢失，因此蛋白质水平决定洗涤后的最终浓度。

d. 将 100μL 样品对照（C♯）从一个孔中转移至 1mL 石英比色杯中，然后加入 900μL 盐酸胍。

e. 使用分光光度计测定每个稀释样品对照（C♯）在 280nm 处的光密度。

f. 读取溶于盐酸胍中的牛血清白蛋白（BSA）标准曲线（0.25~2.0mg·mL^{-1}）的 280nm 处的光密度，并计算蛋白质浓度。

$$蛋白质浓度＝[(OD_{280}－y 轴截距)/斜率]×2.5×10$$

羰基含量＝羰基浓度/蛋白质浓度

其中，蛋白质浓度的单位为 mg・mL^{-1}；2.5 为将结果调整回原始样本的校正因子；10 为稀释倍数；羰基含量单位为 nmol・mg^{-1}；羰基浓度单位为 nmol・mL^{-1}。

5.1.2.5 抗氧化酶活性测定

（1）过氧化氢酶（CAT）

①测定原理。CAT 可以催化 H_2O_2 分解成 O_2 和 H_2O，清除 H_2O_2。H_2O_2 在波长 240nm 处有最大光密度，通过测 240nm 处的光密度变化可得到 CAT 酶活性。

②测定方法。按表 5-6 依次加入试剂，测定根系或子叶 AWF 和 SWF 在 240nm 处的光密度，3min 内每 0.5min 测一次光密度。以每分钟光密度减少 0.01 为一个酶活单位。

表 5-6 CAT 酶活性测定试剂配制及用量

试剂	母液浓度 （mmol・L^{-1}）	使用浓度 （mmol・L^{-1}）	用量 （μL）
PBS（pH 7.0）	100	70	140
根系或子叶样品	—	—	35
H_2O_2	0.200%	0.025%	25

（2）抗坏血酸过氧化物酶（APX）

①测定原理。APX 可催化 H_2O_2 和抗坏血酸反应，使抗坏血酸含量减少，抗坏血酸 $\varepsilon_{290}＝2.8$mmol・L^{-1}・cm^{-1}，可通过测定 290nm 处光密度的变化计算抗坏血酸的减少量，从而计算 APX 酶活性。

②测定方法。按表 5-7 依次加入试剂，测定根系或子叶 AWF 和 SWF 在 290nm 处 3min 内光密度的变化，每隔 10s 测一次。以每分钟光密度减少 0.01 为一个酶活单位。

（3）谷胱甘肽还原酶（GR）

①测定原理。NADPH＋H$^+$＋GSSG→NADPH＋2GSH，GR 催化此反应。NADPH 在 340nm 处有最大光密度，通过测定

340nm 处一定时间内的光密度变化，可计算出 GR 酶活性。

表 5-7　APX 酶活性测定试剂配制及用量

试剂	母液浓度 （mmol · L⁻¹）	使用浓度 （mmol · L⁻¹）	用量 （μL）
PBS（pH 7.0）	50	32.5	0
抗坏血酸（用 PBS 配制）	0.75	0.5	133
根系或子叶样品	—	—	27
H₂O₂（用水稀释）	1.25%	0.25%	40

②测定方法。按表 5-8 依次加入试剂，测定根系或子叶 AWF 和 SWF 在 340nm 处 3min 内光密度的变化，每隔 30s 测一次。以每分钟光密度减少 0.01 为一个酶活单位。

表 5-8　GR 酶活性测定试剂配制及用量

试剂	母液浓度 （mmol · L⁻¹）	使用浓度 （mmol · L⁻¹）	用量 （μL）
PBS（pH 7.5）	200	140	140
NADPH	0.2	0.14	
去离子水	—	—	—
根系或子叶样品	—	—	30
GSSG	0.5	0.0625	25

（4）超氧化物歧化酶（SOD）

①测定原理。核黄素在光照和有氧条件下极易再氧化而产生超氧阴离子，从而将氯化硝基四氮唑蓝（NBT）还原为蓝色。NBT 在 560nm 处有最大光密度。SOD 为氧自由基清除剂，可抑制此反应。光反应后，蓝色越深说明酶活性越低。

②测定方法。按照表 5-9 依次加入试剂，光照 30min，遮黑布终止反应。测定根系或子叶 AWF 和 SWF 在 560nm 处的光密度。

表 5-9 SOD 酶活性测定试剂配制及用量

试剂	母液浓度 （mmol·L⁻¹）	使用浓度 （mmol·L⁻¹）	用量 （μL）
PBS（pH 7.8）	30	50	
甲硫氨酸	7.8	13	120
NBT	0.045	0.075	
样品	—	—	40
EDTA-Na₂（用核黄素配制）	0.002	0.01	40
核黄素	0.05	0.25	

注：设定两个对照，一个为光照 30min 后遮黑布终止反应（用于校正），另一个黑暗处理 30min（不加提取液，其他反应试剂正常浓度）。NBT 和甲硫氨酸用 PBS 配制。

③计算方法。

$$SOD\ 酶活性 = (OD_{ck} - ODE) \times V / OD_{ck} \times 0.5 \times W \times Vt$$

其中，SOD 酶活性单位为 $U \cdot g^{-1}$，一个酶活单位定义为将 NBT 的还原抑制到对照的一半（50%）时所需的酶量；OD_{ck} 为光照管的光密度；ODE 为样品管的光密度；V 为样品液总体积，单位为 mL；W 为样品鲜重，单位为 g；Vt 为上样量，单位为 mL。

（5）愈创木酚-过氧化物酶（G-POD）

①测定原理。在 G-POD 催化下，H_2O_2 将愈创木酚氧化成茶褐色产物，在 475nm 处有最大光密度，测此波长处光密度的变化以计算 G-POD 酶活性。

②测定方法。按照表 5-10 依次加入试剂，其中愈创木酚用磷酸钠缓冲液配制。测定根系或子叶 AWF 和 SWF 在 475nm 处 3min 内光密度的变化，每隔 10s 测一次。以每分钟光密度增加 0.01 为一个酶活单位。

（6）还原型烟酰胺腺嘌呤二核苷酸-过氧化物酶（NADH-POD）

①测定原理。NADH-POD 在酸性环境（pH5）及 Mn^{2+} 存在条件下催化 NADH 还原对香豆酸，NADH 自身氧化为 NAD^+。NADH 在 340nm 处有最大吸收峰而 NAD^+ 在此处没有吸收峰，通

过记录此波长的光密度变化，可计算出 NADH-POD 酶活性大小。

表 5-10　G-POD 酶活性测定试剂配制及用量

试剂	母液浓度 （mmol·L⁻¹）	使用浓度 （mmol·L⁻¹）	样品上样量 （μL）
PBS（pH6.5）	100	100	130
愈创木酚	37.85	24.6	
去离子水	—	—	39
根系或子叶样品	—	—	1
H₂O₂	0.20%	0.030%	30

②测定方法。按照表 5-11 依次加入试剂，其中氯化锰用乙酸缓冲液配制。测定根系或子叶 AWF 和 SWF 在 340nm 处 5min 内光密度的变化，每隔 10s 测一次。以每分钟光密度减少 0.01 为一个酶活单位。

表 5-11　NADH-POD 酶活性测定试剂配制及用量

试剂	母液浓度 （mmol·L⁻¹）	使用浓度 （mmol·L⁻¹）	用量 （μL）
乙酸缓冲液（pH5.0）	100	44.5	89
氯化锰	80	—	40
对香豆酸	8	0.016	40
样品	—	—	1
NADH	2	0.3	30

5.1.2.6　非酶抗氧化物含量和非酶抗氧化能力测定

（1）非酶抗氧化物含量

①抗坏血酸含量。

a. 测定原理。利用抗坏血酸分子中的烯二醇基将 Fe^{3+} 定量还原成 Fe^{2+}，与 2,2'-联吡啶发生显色反应。其生成的物质在 525nm 处具有最大光密度。

b. SWF 的抗坏血酸提取。将 0.5g 左右去除质外体的根系在液氮中研磨成粉，然后加入 5mL 5％乙酸研磨至匀浆。在 4℃下以 16 500×g 离心 5min，取上清液。

c. 抗坏血酸标线。准备 6 个 1.5mL 离心管，把 L-抗坏血酸分别配制成浓度为 0、5μmol • L^{-1}、25μmol • L^{-1}、50μmol • L^{-1}、100μmol • L^{-1}、250μmol • L^{-1} 的溶液。

按照表 5 - 12 依次加入试剂，将样品在室温下孵育 60min，然后 16 500×g 离心 5min。向 96 孔板转移 200μL 上清液。读取 96 孔板在 525nm 处的光密度。

表 5 - 12　抗坏血酸含量测定标线

试剂	1	2	3	4	5	6
85％正磷酸（μL）	75	75	75	75	75	75
L-抗坏血酸（μL）	100	100	100	100	100	100
1％氯化铁（μL）	100	100	100	100	100	100
1％2,2'-联吡啶浓溶液（μL）	250	250	250	250	250	250

d. 测定方法。按照表 5 - 13 依次加入试剂，将样品在室温下孵育 60min，然后 16 500×g 离心 5min。向 96 孔板转移 200μL 上清液。读取 96 孔板在 525nm 处的光密度。空白包含用于测定的所有试剂，但是添加了抗坏血酸磷酸钾缓冲液。所有样品都设有对照。对于对照，向反应中加入无水乙醇代替 2,2'-联吡啶溶液。

表 5 - 13　抗坏血酸含量测定试剂配制及用量

试剂	母液浓度（％）	使用浓度（％）	用量（μL）
正磷酸	85	13.42	75
根系样品	—	—	100
1％氯化铁	1	0.21	100
1％2,2'-联吡啶溶液	1	0.53	250

②谷胱甘肽［氧化型谷胱甘肽（GSSG）、谷胱甘肽（GSH）、

总谷胱甘肽（GSSG＋GSH）〕含量。

a. GSSG＋GSH测定原理。GSSG是GSH的氧化形式，GSSG会被GR还原成GSH。GSH可以与5，5′-二硫代双（DTNB）反应产生1，3，5-三硝基苯（TNB），1，3，5-三硝基苯在412nm处具有最大光密度。加上原有的GSH，即可以测出GSSG＋GSH的含量。

GSSG测定原理：2-乙烯基吡啶（VPD）可以抑制样品中原有的GSH。然后利用GR还原为GSH，就可以测出GSSG的含量。

GSH测定原理：将GSSG＋GSH含量测定结果与GSSG含量测定结果相减即为GSH的含量。

b. SWF的GSSG＋GSH、GSSG提取及根系样品预处理。用$0.2mol \cdot L^{-1}$盐酸（样品：试剂＝1：10）研磨匀浆，匀浆离心（$16\,000 \times g$，4℃，10min）取上清液。用$0.2mol \cdot L^{-1}$氢氧化钠中和SWF最终pH为5～6。以上液体直接可用于GSSG＋GSH含量测定。

GSSG含量测定需要将以上SWF或AWF做预处理，即$200\mu L$ SWF或AWF加入$1\mu L$ 2-乙烯基吡啶，室温下静置30min，$10\,000 \times g$离心2min，离心2次，上清液用于检测GSSG。

c. GSSG＋GSH标线。按照表5-14依次加入试剂，自动振荡混匀，记录412nm处的光密度，每30s测一次，测5min。

表5-14　GSSG＋GSH含量测定标线

试剂	1	2	3	4	5	6
$0.2mol \cdot L^{-1}$ PBS（pH 7.5）（μL）	100	100	100	100	100	100
$5\mu mol \cdot L^{-1}$ GSH（μL）	0	8	16	24	32	40
去离子水（μL）	70	62	54	46	38	30
10mmol $\cdot L^{-1}$ NADPH（μL）	10	10	10	10	10	10
12mmol $\cdot L^{-1}$ 2，4-二硝基苯肼（μL）	10	10	10	10	10	10
40U $\cdot mL^{-1}$ GR（μL）	10	10	10	10	10	10
GSH浓度（$ng \cdot mL^{-1}$）	0	2	4	6	8	10

GSSG 标线：按照表 5-15 依次加入试剂自动振荡混匀，记录 412nm 处光密度，每 30s 测一次，测 5min。

表 5-15　GSSG 含量测定标线

试剂	1	2	3	4	5	6
2.5nmol · L^{-1}GSSG（μL）	0	8	16	24	32	40
去离子水（μL）	70	62	54	46	38	30
0.2mol · L^{-1} PBS（pH 7.5）（μL）	100	100	100	100	100	100
10mmol · L^{-1} NADPH（μL）	10	10	10	10	10	10
12mmol · L^{-1} DTNB（μL）	10	10	10	10	10	10
40U · mL^{-1} GR（μL）	10	10	10	10	10	10
GSSG 浓度（nmol · L^{-1}）	0	0.1	0.2	0.3	0.4	0.5

d. GSSG+GSH 含量测定：按照表 5-16 依次加入试剂，自动振荡混匀，记录 412nm 处的光密度，每 30s 测一次，测 5min。

表 5-16　GSSG+GSH 含量测定试剂配制及用量

试剂	母液浓度（mmol · L^{-1}）	使用液浓度（mmol · L^{-1}）	用量（μL）
PBS（pH 7.5）	200	100	100
根系样品	—	—	10
去离子水	—	—	60
NADPH	10	0.5	10
2，4-二硝基苯肼	12	0.6	10
GR	40U · mL^{-1}	2U · mL^{-1}	10

GSSG 含量测定：先将样品做预处理，即取 200μL 上清液后加入 1μL 2-乙烯吡啶溶液，室温下静置 30min，10 000×g 离心 2min，离心两次的上清液按照表 5-16 依次加入试剂，自动振荡混匀，记录 412nm 处的光密度，每 30s 测一次，测 5min。

③NAD$^+$和 NADH 含量。

a. 测定原理。酸性提取及酸性保存破坏了样品中的 NADH，碱性提取和碱性保存破坏了样品中的 NAD$^+$。

Ethanol＋ADH＋NAD$^+$→NADH＋H$^+$＋Aldehyde

NADH＋H$^+$＋DCPIP→NAD$^+$＋还原态的 DCPIP（显色反应）

其中，Ethanol 为醇；ADH 为乙醇脱氢酶；Aldehyde 为醛；DCPIP 为二氯酚靛酚。

b. SWF 的 NAD$^+$提取及根系样品预处理。去 AWF 的根系用 0.2mol・L^{-1}盐酸（样品：试剂＝1：10）研磨成匀浆，匀浆离心（16 000×g，4℃，10min）获上清液。取 200μL 上清液在沸水中孵化 1min，然后迅速冷却，先加入 20μL 的 0.2mol・L^{-1}磷酸二氢钠（pH 5.6），然后加入 0.2mol・L^{-1}氢氧化钠调节 pH，每次加样后振荡，最终 pH 为 5～6。

SWF 的 NADH 提取及根系样品预处理：用 0.2mol・L^{-1}氢氧化钠（样品：实际＝1：10）研磨成匀浆后，离心（16 000×g，4℃，10min），获取上清液，沸水浴 1min，逐次加入 0.2mol・L^{-1}盐酸调节 pH 直至 7～8。

c. NAD$^+$标线。按表 5 - 17 依次加入试剂，充分混匀后，记录根系 AWF 和 SWF 在 600nm 处的光密度变化，每 30s 测一次，测 5min。

表 5 - 17　NAD$^+$含量测定标线

试剂	1	2	3	4	5	6
0.1mol・L^{-1} Hepes（pH 7.5）（μL）	100	100	100	100	100	100
1.2mmol・L^{-1}DCPIP（μL）	20	20	20	20	20	20
20mmol・L^{-1} PMS（μL）	10	10	10	10	10	10
0.25pmol・L^{-1} NAD$^+$（μL）	0	8	16	24	32	40
去离子水（μL）	40	32	24	16	8	0
2 500U・mL^{-1} ADH（μL）	10	10	10	10	10	10
无水乙醇（μL）	20	20	20	20	20	20

注：Hepes 为 4 - 羟乙基哌嗪乙磺酸的缓冲溶液，含 2mmol・L^{-1} EDTA - Na$_2$；PMS 为 5 - 甲基吩嗪硫酸甲酯。

NADH 标线：按表 5 - 18 依次加入试剂，充分混匀后，记录根系 AWF 和 SWF 在 600nm 处的光密度变化，每 30s 测一次，测 5min。

表 5 - 18　NADH 含量测定标线

试剂	1	2	3	4	5	6
0. 1mol · L^{-1} Hepes（pH 7.5）（μL）	100	100	100	100	100	100
1. 2mmol · L^{-1} DCPIP（μL）	20	20	20	20	20	20
20mmol · L^{-1} PMS（μL）	10	10	10	10	10	10
0. 25nmol · L^{-1} NADH（μL）	0	8	16	24	32	40
去离子水（μL）	40	32	24	16	8	0
2 500U · mL^{-1} ADH（μL）	10	10	10	10	10	10
无水乙醇（μL）	20	20	20	20	20	20
NADH 浓度（μg · L^{-1}）	0	7	14	21	28	35

NAD$^+$/NADH 含量测定：按表 5 - 19 依次加入试剂，充分混匀后，记录根系 AWF 和 SWF 在 600nm 处的光密度，每 30s 测一次，测 5min。

表 5 - 19　NAD/NADH 含量测定试剂配制及用量

试剂	母液浓度（mmol · L^{-1}）	使用浓度（mmol · L^{-1}）	用量（μL）
Hepes（pH 7.5）	100	50	100
根系样品	—	—	10
DCPIP	1. 2	0. 12	20
PMS	20	1	10
去离子水	—	—	30
无水乙醇	100%	10%	20
ADH	2 500U · mL^{-1}	125U · mL^{-1}	10

④NADP$^+$ 和 NADPH 含量。

a. 测定原理。酸性提取及酸性保存破坏了样品中的 NADPH，碱性提取和碱性保存破坏了样品中的 NADP$^+$。

Glucose - 6 - P + NADP$^+$ → NADPH + H$^+$ + 6 - phospho - D - glucono - 1，5 - lactone

NADPH + H$^+$ + DCPIP → NADP$^+$ + 还原态的 DCPIP

其中，Glucose - 6 - P 为 6 -磷酸葡萄糖（G - 6 - P）；6 - phospho - D - glucono - 1，5 - lactone 为 6 -磷酸葡萄糖酸内酯。

b. SWF 的 NADP 提取及根系样品预处理。去 AWF 的根系用 0.2mol·L^{-1}盐酸（样品：试剂 = 1：10）研磨成匀浆，4℃条件下 16 000×g 离心 10min，获上清液。取 200μL 上清液在沸水中孵化 1min，然后迅速冷却，先加入 20μL 的 0.2mol·L^{-1}磷酸二氢钠（pH 5.6），然后加入 0.2mol·L^{-1}氢氧化钠中，每次加样后振荡，最终 pH 为 5～6。

SWF 的 NADPH 提取及根系样品预处理。用 0.2mol·L^{-1}氢氧化钠（样品：氢氧化钠溶液 = 1：10）研磨成匀浆，4℃条件下 16 000×g 离心 10min，获取上清液，沸水浴 1min，逐次加 0.2mol·L^{-1}盐酸调节 pH 直至 7～8。

c. NADP$^+$ 标线。按表 5 - 20 依次加入试剂，充分混匀后，记录根系 AWF 和 SWF 在 600nm 处的光密度变化，每 30s 测一次，测 5min。

表 5 - 20　NADP 含量测定标线

试剂	1	2	3	4	5	6
100mmol·L^{-1} Hepes（pH 7.5）（μL）	100	100	100	100	100	100
1.2mmol·L^{-1}DCPIP（μL）	10	10	10	10	10	10
20mmol·L^{-1} PMS（μL）	10	10	10	10	10	10
去离子水（μL）	60	52	44	36	28	20
0.025mmol·L^{-1}NADP（μL）	0	8	16	24	32	40
10mmol·L^{-1}G - 6 - P（μL）	10	10	10	10	10	10
200U·mL^{-1}G6PDH（μL）	10	10	10	10	10	10

注：G6PDH 为 6 -葡萄糖磷酸脱氢酶。

NADPH 标线：按表 5 - 21 依次加入试剂，充分混匀后，记录根系 AWF 和 SWF 在 600nm 处的光密度变化，每 30s 测一次，测 5min。

表 5 - 21　NADPH 含量测定标线

试剂	1	2	3	4	5	6
100mmol · L⁻¹ Hepes（pH 7.5）（μL）	100	100	100	100	100	100
1.2mmol · L⁻¹ DCPIP（μL）	10	10	10	10	10	10
20mmol · L⁻¹ PMS（μL）	10	10	10	10	10	10
去离子水（μL）	60	52	44	36	28	20
0.025nmol · L⁻¹ NADPH（μL）	0	8	16	24	32	40
10mmol · L⁻¹ G - 6 - P（μL）	10	10	10	10	10	10
200U · mL⁻¹ G6PDH（μL）	10	10	10	10	10	10
NADPH 浓度（ng · L⁻¹）	0	9	18	27	35	44

d. NADP/NADPH 含量测定：按表 5 - 22 依次加入试剂，充分混匀后，记录 600nm 处的光密度变化，每 30s 测一次，测 5min。

表 5 - 22　NADP/NADPH 含量测定试剂配制及用量

试剂	母液浓度 （mmol · L⁻¹）	使用浓度 （mmol · L⁻¹）	用量 （μL）
Hepes（pH 7.5）	100	50	100
根系样品	—	—	10
PMS	20	1	10
去离子水	—	—	20
G - 6 - P	10	0.5	10
G6PDH	200U · mL⁻¹	10U · mL⁻¹	10

（2）非酶抗氧化能力

①多酚含量。

a. 测定原理。酚类化合物能在碱性条件下将磷钨钼酸（福林酚试剂的成分）生成蓝色化合物，其在 745nm 处有最大吸收峰，颜色的深浅和酚类化合物的含量成正比，通过测定此波长处光密度可计算出多酚含量。

b. SWF 的多酚提取。去除 AWF 的根系或子叶样品加入 10 倍体的无水乙醇冰浴研磨成匀浆，$4\,000 \times g$、4℃ 离心 20min，取上清液。

c. 测定方法。在 96 孔板中加入 $143\mu L$ 的 $0.667mol \cdot L^{-1}$ 福林酚，然后加入 $28\mu L$ AWF 或 SWF 的多酚提取上清液，室温静置 5min，加入 $29\mu L$ 20% 碳酸钠混匀，室温静置 1.5h。测定 745nm 处的光密度。

d. 标线：用 0、$7\mu g \cdot mL^{-1}$、$21\mu g \cdot mL^{-1}$、$35\mu g \cdot mL^{-1}$、$49\mu g \cdot mL^{-1}$、$63\mu g \cdot mL^{-1}$ 的没食子酸做标线。

②1，1 二苯基-2-三硝基苯肼（DPPH）自由基清除率。

a. 测定原理。DPPH 自由基有单电子，在 517nm 处有吸收峰，其醇溶液呈紫色。当有自由基清除剂存在时，由于与其单电子配对，颜色逐渐消失，褪色程度与接受的电子数量成定量关系，因而可用分光光度计进行快速的定量分析。

b. SWF 提取。取根系样品（0.5g）加入 5mL 无水乙醇冰浴研磨成匀浆，$4\,000 \times g$ 离心 20min，取上清液。

c. 测定方法：如表 5-23 依次加入试剂，混匀静置 30min，测 517nm 处的光密度（ODa）（DPPH 用无水乙醇配制）。

表 5-23　DPPH 清除率测定试剂配制及用量一

试剂	母液浓度 （mmol · L^{-1}）	使用浓度 （mmol · L^{-1}）	上样量 （μL）
乙酸缓冲液（pH5.5）	100	60	120
根系或子叶样品	—	—	40
DPPH 无水乙醇溶液	1	0.2	40

如表 5-24 依次加入试剂，混匀静置 30min，测 517nm 处的光密度（ODb）。

表 5 - 24 DPPH 清除率测定试剂配制及用量二

试剂	母液浓度 (mmol·L^{-1})	使用液浓度 (mmol·L^{-1})	上样量 (μL)
乙酸缓冲液（pH5.5）	100	60	120
根系或子叶样品	—	—	40
DPPH 无水乙醇溶液	17.5	17.5	40

如表 5 - 25 依次加入试剂，混匀静置 30min，测 517nm 处的光密度（ODc）。

表 5 - 25 DPPH 清除率测定试剂配制及用量三

试剂	母液浓度 (mmol·L^{-1})	使用液浓度 (mmol·L^{-1})	上样量 (μL)
乙酸缓冲液（pH5.5）	100	60	120
DPPH 无水乙醇溶液	1	0.2	80

d. 计算：清除率 ＝ [1 － (ODa － ODb)/ODc]×100％。其中，ODa 为添加样品和 DPPH 的光密度；ODb 为未添加 DPPH 的光密度；ODc 为未添加样品的光密度。

5.2 结果与分析

5.2.1 AWF 和 SWF 的可溶性蛋白含量之比、MDH 酶活性之比

与 HK 相比，LK 处理的单位鲜重根系 AWF 和 SWF 可溶性蛋白含量之比显著增加 29.17％，LKCOR 处理的单位鲜重根系 AWF 和 SWF 可溶性蛋白含量之比显著降低 66.67％；LK 处理的单位鲜重子叶 AWF 和 SWF 可溶性蛋白含量之比显著增加 17.14％，LKCOR 处理的单位鲜重子叶 AWF 和 SWF 可溶性蛋白含量之比显著降低 45.71％（图 5 - 1a、图 5 - 1b）。与 LK 处理相比，LKCOR 处理单位鲜重根系、子叶 AWF 和 SWF 可溶性蛋白含量之比分别显著降低 74.19％、53.66％（图 5 - 1a、图 5 - 1b）。

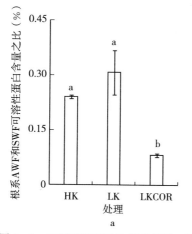
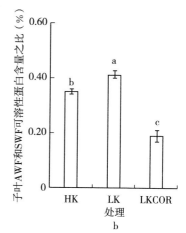

图 5-1　不同处理下单位鲜重根系、子叶 AWF 和 SWF 可溶性蛋白含量之比

注：HK 为对照，LK 为低钾处理，LKCOR 为低钾＋冠菌素处理。重复＝5。不同字母表示处理间差异显著（$P<0.05$）。

与 HK 相比，LK 处理的根系 AWF 和 SWF MDH 酶活性之比增加了 32.95%，LKCOR 处理的单位鲜重根系 AWF 和 SWF MDH 酶活性之比显著减少 48.86%；LK 处理的子叶 AWF 和 SWF MDH 酶活性之比显著减少 6.67%，LKCOR 处理的单位鲜重子叶 AWF 和 SWF MDH 酶活性之比显著减少 13.33%（图 5-2a、图 5-2b）。与 LK 处理相比，LKCOR 处理根系、子叶的 AWF 和 SWF MDH 酶活性之比显著减少了 61.54%、7.14%（图 5-2a、图 5-2b）。

5.2.2　过氧化氢含量

与 HK 相比，LK 处理的单位鲜重根系 AWF H_2O_2 含量显著增加 65.18%，LKCOR 处理的单位鲜重根系 AWF H_2O_2 含量增加 12.49%（图 5-3a）；LK 处理的单位鲜重根系 SWF H_2O_2 含量增加 15.24%，LKCOR 处理的单位鲜重根系 SWF H_2O_2 含量显著增加 35.43%（图 5-3b）。与 LK 处理相比，LKCOR 处理的单位鲜重根系 AWF H_2O_2 含量显著降低 31.90%，单位鲜重根系 SWF H_2O_2 含量显著增加 17.52%（图 5-3a、图 5-3b）。

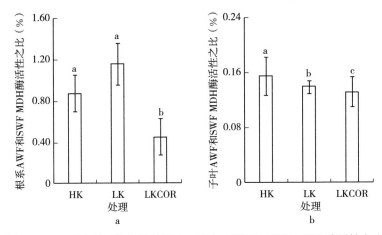

图 5-2　不同处理下单位鲜重根系、子叶 AWF 和 SWF MDH 酶活性之比
　　注：HK 为对照，LK 为低钾处理，LKCOR 为低钾＋冠菌素处理。重复＝5。不同字母表示处理间差异显著（$P<0.05$）。

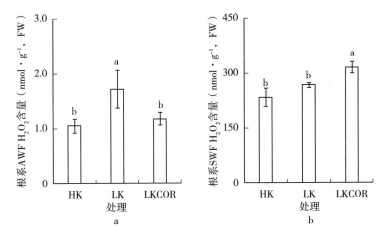

图 5-3　不同处理下单位鲜重根系 AWF 和 SWF H_2O_2 含量
　　注：HK 为对照，LK 为低钾处理，LKCOR 为低钾＋冠菌素处理。重复＝5。不同字母表示处理间差异显著（$P<0.05$）。

　　与 HK 相比，LK 和 LKCOR 处理的子叶单位鲜重 AWF H_2O_2 含量分别显著降低 63.48％ 和 98.08％（图 5-4a）；LK 处理的单位鲜重子叶 SWF H_2O_2 含量增加 26.07％，LKCOR 处理的单位鲜重子叶 SWF H_2O_2 含量显著增加 55.13%（图 5 - 4b）。与 LK 处理相比，LKCOR 处理的单位鲜重子叶 AWF H_2O_2 含量显著降低 94.74%，单位鲜重子叶 SWF H_2O_2 含量显著增加 23.06%（图 5 - 4a、图 5 - 4b）。

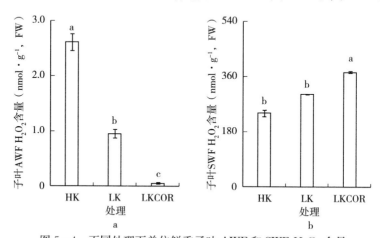

图 5 - 4　不同处理下单位鲜重子叶 AWF 和 SWF H_2O_2 含量

注：HK 为对照，LK 为低钾处理，LKCOR 为低钾＋冠菌素处理。重复＝5。不同字母表示处理间差异显著（$P<0.05$）。

5.2.3　超氧阴离子含量

与 HK 相比，LK 和 LKCOR 处理的单位鲜重根系 AWF O_2^- 含量分别显著增加 68.79% 和 53.03%（图 5 - 5a）；LK 处理的单位鲜重根系 SWF O_2^- 含量增加 4.30%，LKCOR 处理的单位鲜重根系 SWF O_2^- 含量显著增加 33.91%（图 5 - 5b）。与 LK 处理相比，LKCOR 处理的单位鲜重根系 AWF O_2^- 含量降低 9.34%，单位鲜重根系 SWF O_2^- 含量增加 28.39%（图 5 - 5a、图 5 - 5b）。

5.2.4　氧化胁迫程度

与 HK 相比，LK 和 LKCOR 处理的单位鲜重根系 AWF MDA 含量分别增加 43.34% 和 3.29%（图 5 - 6a）；LK 处理的单位鲜重根系 SWF MDA 含量增加 10.51%，LKCOR 处理的单位鲜重根系 SWF

MDA 含量显著增加 50.04％（图 5－6b）。与 LK 处理相比，LKCOR 处理的单位鲜重根系 AWF MDA 含量降低 27.94％，单位鲜重根系 SWF MDA 含量显著增加 35.77％（图 5－6a、图 5－6b）。

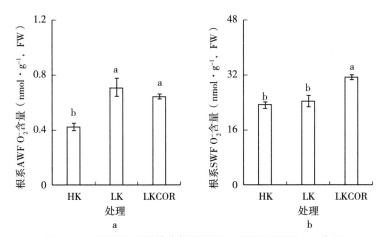

图 5－5　不同处理下单位鲜重根系 AWF 和 SWF O_2^- 含量

注：HK 为对照，LK 为低钾处理，LKCOR 为低钾＋冠菌素处理。重复＝5。不同字母表示处理间差异显著（$P < 0.05$）。

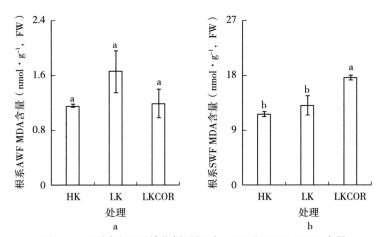

图 5－6　不同处理下单位鲜重根系 AWF 和 SWF MDA 含量

注：HK 为对照，LK 为低钾处理，LKCOR 为低钾＋冠菌素处理。重复＝5。不同字母表示处理间差异显著（$P < 0.05$）。

与 HK 相比，LK 处理的单位鲜重子叶 AWF MDA 含量增加 49.12%，LKCOR 处理的单位鲜重子叶 AWF MDA 含量显著增加 313.39%（图 5-7a）；LK 处理的单位鲜重子叶 SWF MDA 含量增加 23.21%，LKCOR 处理的单位鲜重子叶 SWF MDA 含量降低 12.04%（图 5-7b）。与 LK 处理相比，LKCOR 处理的单位鲜重子叶 AWF MDA 含量显著增加 177.22%，单位鲜重子叶 SWF MDA 含量降低 28.61%（图 5-7a、图 5-7b）。

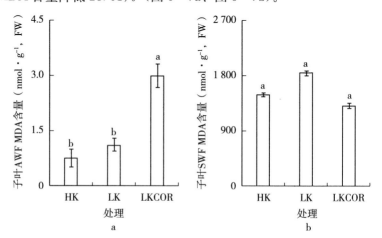

图 5-7　不同处理下单位鲜重子叶 AWF 和 SWF MDA 含量

注：HK 为对照，LK 为低钾处理，LKCOR 为低钾＋冠菌素处理。重复＝5。不同字母表示处理间差异显著（$P<0.05$）。

与 HK 相比，LK 处理的单位鲜重根系 AWF 羰基含量显著增加 35.56%，LKCOR 处理的单位鲜重根系 AWF 羰基含量增加 14.73%（图 5-8a）；LK 和 LKCOR 处理的单位鲜重根系 SWF 羰基含量分别降低 1.92% 和 24.74%（图 5-8b）。与 LK 处理相比，LKCOR 处理的单位鲜重根系 AWF 羰基含量降低 15.36%，单位鲜重根系 SWF 羰基含量显著降低 23.27%（图 5-8a、图 5-8b）。

5.2.5　抗氧化酶活性

由表 5-26 可知，与 HK 相比，LK 处理根系的 AWF 除 GR

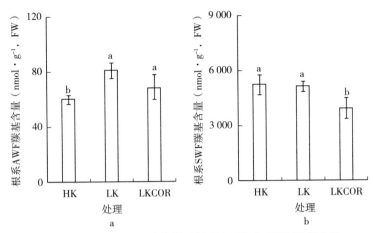

图 5-8 不同处理下单位鲜重根系 AWF 和 SWF 羰基含量

注：HK 为对照，LK 为低钾处理，LKCOR 为低钾＋冠菌素处理。重复＝5。不同字母表示处理间差异显著（$P<0.05$）。

酶活性外，CAT、APX、SOD、G-POD、NADH-POD 酶活性都上升；LKCOR 处理的 AWF 中 APX、GR、G-POD、NADH-POD 的酶活性都下降，而 SOD 酶活性上升。与 LK 相比，LKCOR 处理的 AWF 中 G-POD、NADH-POD、APX 和 GR 酶活性显著下调。与 HK 相比，LK 处理的根系 SWF 中 CAT、APX、GR、SOD、G-POD、NADH-POD 酶活性都下降；LKCOR 处理的 SWF 中 CAT、APX、G-POD 和 GR 酶活性均下降。与 LK 相比，LKCOR 处理的 SWF 中 CAT 酶活性显著上调，而 GR 和 G-POD 酶活性显著下调。

由表 5-27 可知，与 HK 处理相比，LK 处理子叶的 AWF G-POD 酶活性显著升高，比 HK 处理升高了 95.27％，LKCOR 处理子叶的 AWF G-POD 酶活性显著高于 HK，比 HK 高 19.89％。与 LK 相比，LKCOR 处理子叶的 AWF G-POD 酶活性显著降低，降低了 38.60％。与 HK 相比，LK 处理子叶的 SWF G-POD 酶活性显著升高，分别比 HK 升高了近 1 倍，LKCOR 处理子叶的 SWF G-POD 酶活性显著低于 HK 处理，比 HK 减少了 77.10％。

表5-26 不同处理下根系 AWF 和 SWF 与清除 H_2O_2 有关的抗氧化酶活性

部位	处理	CAT 酶活性 (U·g⁻¹)	G-POD 酶活性 (U·mg⁻¹)	NADH-POD 酶活性 (U·mg⁻¹)	APX 酶活性 (U·g⁻¹)	GR 酶活性 (U·g⁻¹)	SOD 酶活性 (U·g⁻¹)
AWF	HK	4.05a	10.53b	1.31b	45.44a	12.22a	3.17b
	LK	6.41a	18.28a	1.68a	47.23a	8.47b	4.83a
	LKCOR	6.66a	7.99c	0.63c	20.51b	2.39c	4.13a
	(LK-HK)/HK (%)	58.27	73.60	28.24	3.94	-30.64	52.37
	(LKCOR-HK)/HK (%)	64.44	-24.12	-51.91	-54.85	-80.46	30.28
	(LKCOR-LK)/LK (%)	3.90	-56.29	-62.50	-56.57	-71.82	-14.49
SWF	HK	2 093.87a	449.81a	153.79a	6 581.29a	1 332.08a	357.79b
	LK	668.82c	241.42b	112.45c	4 685.55c	623.51b	204.56c
	LKCOR	1 145.64b	172.97c	122.37b	5 252.20b	197.26c	405.19a
	(LK-HK)/HK (%)	-68.06	46.33	-26.88	-28.80	-53.19	-42.83
	(LKCOR-HK)/HK (%)	-45.29	-61.55	-20.43	-20.19	-85.19	13.25
	(LKCOR-LK)/LK (%)	71.29	-28.35	8.82	12.09	-68.36	98.08

注: HK 为对照、LK 为低钾、LKCOR 为低钾+冠菌素处理。重复=5。不同字母表示同一测定指标不同处理间差异显著 ($P<0.05$)。

表 5-27 不同处理下子叶 AWF 和 SWF 与清除 H₂O₂ 有关的抗氧化酶活性

部位	处理	CAT 酶活性 (U·g⁻¹)	G-POD 酶活性 (U·mg⁻¹)	NADH-POD 酶活性 (U·mg⁻¹)	APX 酶活性 (U·g⁻¹)	GR 酶活性 (U·g⁻¹)	SOD 酶活性 (U·g⁻¹)
AWF	HK	13.98b	230.92c	0.23b	0.73c	0.87a	1.82a
	LK	15.12b	450.91a	0.45a	1.02b	0.89a	2.53a
	LKCOR	17.76a	276.85b	0.28b	2.05a	0.95a	2.42a
	(LK-HK)/HK (%)	8.14	95.27	95.27	40.06	1.96	39.48
	(LKCOR-HK)/HK (%)	27.03	19.89	19.89	181.19	9.46	33.52
	(LKCOR-LK)/LK (%)	17.47	-38.60	-38.60	100.77	7.35	-4.28
SWF	HK	153.24b	151.95b	4.37c	200.92b	49.40a	1 239.84b
	LK	180.51b	304.62a	13.75b	794.54a	42.15b	1 420.09a
	LKCOR	239.02a	34.80c	40.77a	820.56a	43.54b	372.80c
	(LK-HK)/HK (%)	17.80	100.47	214.68	295.45	-14.68	14.54
	(LKCOR-HK)/HK (%)	55.98	-77.09	833.33	308.40	-11.86	-69.93
	(LKCOR-LK)/LK (%)	32.41	-88.57	196.59	3.27	3.30	-73.75

注：HK 为对照，LK 为低钾处理，LKCOR 为低钾+冠菌素处理。重复 n=5。不同字母表示不同处理下子叶抗氧化酶活性之间的差异显著性 (P<0.05)。

与 LK 相比，LKCOR 处理子叶的 SWF G - POD 酶活性显著降低，降低了 88.58%。

与 HK 相比，LK 和 LKCOR 处理棉花幼苗子叶的 AWF SOD 酶活性分别升高了 39.01% 和 32.97%；与 HK 相比，LK 和 LK-COR 处理子叶的 SWF SOD 酶活性分别显著升高 14.5% 和显著下降 69.93%；与 LK 相比，LKCOR 处理子叶的 SWF SOD 酶活性显著减少了 73.75%。

与 HK 和 LK 处理相比，LKCOR 处理子叶的 AWF CAT 酶活性显著升高，分别升高了 27.04% 和 17.46%，HK 和 LK 处理子叶的 AWF CAT 酶活性差异不显著；与 HK 和 LK 处理相比，LKCOR 处理子叶的 SWF CAT 酶活性显著升高，分别升高了 55.98% 和 32.41%，HK 和 LK 处理子叶的 SWF CAT 酶活性差异不显著。

与 HK 相比，LK 和 LKCOR 处理子叶的 AWF APX 酶活性显著升高，分别比 HK 升高了 39.73% 和 180.82%；LKCOR 处理子叶的 AWF APX 酶活性显著高于 LK 处理，比 LK 处理子叶的 AWF APX 酶活性升高了 100.98%；与 HK 相比，LK 和 LKCOR 处理子叶的 SWF APX 酶活性显著升高，分别比 HK 升高了 295.45% 和 308.40%；LKCOR 处理子叶的 SWF APX 酶活性与 LK 处理之间差异不显著。

三种处理子叶的 AWF GR 酶活性差异不显著。与 HK 相比，LK 和 LKCOR 处理子叶的 SWF GR 酶活性减少，分别比 HK 减少了 14.68% 和 11.86%，LKCOR 处理子叶的 SWF GR 酶活性与 LK 处理之间差异不显著。

与 HK 相比，LK 和 LKCOR 处理子叶的 AWF NADH - POD 酶活性分别升高了 95.65% 和 21.74%。与 HK 相比，LK 和 LK-COR 处理子叶的 SWF NADH - POD 酶活性显著升高，分别比 HK 升高了 214.65% 和 832.95%，LKCOR 处理子叶的 SWF NADH - POD 酶活性显著高于 LK 处理，比 LK 处理子叶的 SWF NADH - POD 酶活性升高了 196.51%。

5.2.6 非酶抗氧化物含量和非酶抗氧化能力

5.2.6.1 非酶抗氧化物含量

（1）抗坏血酸含量

与 HK 相比，LK 和 LKCOR 处理的单位鲜重根系 AWF 抗坏血酸含量分别显著下降 47.82% 和 37.45%（图 5-9a）；LK 和 LKCOR 处理的单位鲜重根系 SWF 抗坏血酸含量分别降低 64.19% 和 24.05%（图 5-9b）。与 LK 处理相比，LKCOR 处理的单位鲜重根系 AWF 抗坏血酸含量增加 19.88%，单位鲜重根系 SWF 抗坏血酸含量显著增加 112.07%（图 5-9a、图 5-9b）。

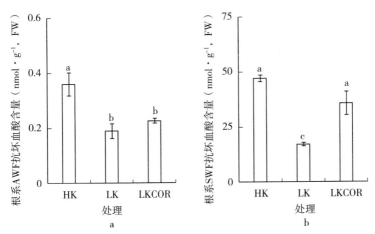

图 5-9 不同处理下单位鲜重根系 AWF 和 SWF 抗坏血酸含量

注：HK 为对照，LK 为低钾处理，LKCOR 为低钾＋冠菌素处理。重复＝5。不同字母表示处理间差异显著（$P<0.05$）。

（2）谷胱甘 [GSSG、GSH 含量及 GSH/GSSG] 含量

与 HK 相比，LK 处理的单位鲜重根系 AWF GSH 含量显著下降 63.27%，LKCOR 处理的单位鲜重根系 AWF GSH 含量下降 15.07%（图 5-10a）；LK 和 LKCOR 处理的单位鲜重根系 SWF GSH 含量分别不显著增加 4.43% 和 1.22%（图 5-10b）。与 LK 处理相比，LKCOR 处理的单位鲜重根系 AWF GSH 含量显著

增加 131.22%，单位鲜重根系 SWF GSH 含量不显著降低 3.08%
（图 5 - 10a、图 5 - 10b）。

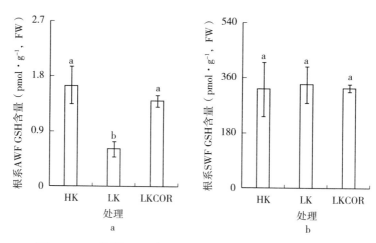

图 5 - 10　不同处理下单位鲜重根系 AWF 和 SWF GSH 含量

注：HK 为对照，LK 为低钾处理，LKCOR 为低钾＋冠菌素处理。重复＝5。不同
字母表示处理间差异显著（$P<0.05$）。

与 HK 相比，LK 和 LKCOR 处理的单位鲜重根系 AWF
GSSG 含量分别显著增加 21.52% 和 21.26%（图 5 - 11a）；LK 和
LKCOR 处理的单位鲜重根系 SWF GSSG 含量分别增加 7.11% 和
11.63%（图 5 - 11b）。与 LK 处理相比，LKCOR 处理的单位鲜重
根系 AWF GSSG 含量降低 0.21%，单位鲜重根系 SWF GSSG 含
量增加 4.22%（图 5 - 11a、图 5 - 11b）。

与 HK 相比，LK 和 LKCOR 处理的单位鲜重根系 AWF
GSH/GSSG 分别下降 69.77% 和 29.96%（图 5 - 12a）；LK 和
LKCOR 处理的单位鲜重根系 SWF GSH/GSSG 分别下降 2.50%
和 9.33%（图 5 - 12b）。与 LK 处理相比，LKCOR 处理的单位鲜
重根系 AWF GSH/GSSG 增加 131.71%，单位鲜重根系 SWF
GSH/GSSG 下降 7.00%（图 5 - 12a、图 5 - 12b）。

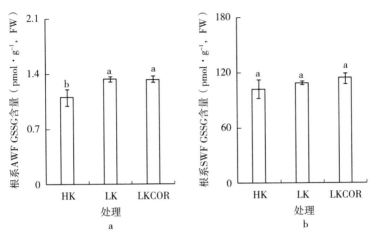

图 5-11　不同处理下单位鲜重根系 AWF 和 SWF GSSG 含量

注：HK 为对照，LK 为低钾处理，LKCOR 为低钾＋冠菌素处理。重复＝5。不同字母表示处理间差异显著（$P<0.05$）。

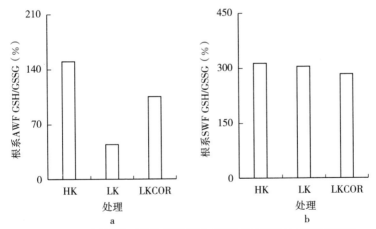

图 5-12　不同处理下单位鲜重根系 AWF 和 SWF 的 GSH/GSSG

注：HK 为对照，LK 为低钾处理，LKCOR 为低钾＋冠菌素处理。

（3）烟酰胺腺嘌呤二核苷酸（NAD 和 NADH）含量及 NADH/NAD 含量

与 HK 相比，LK 和 LKCOR 处理的单位鲜重根系 AWF

NADH 含量分别显著增加 70.38% 和 63.24%（图 5 - 13a）；LK 和 LKCOR 处理的单位鲜重根系 SWF NADH 含量分别显著下降 41.74% 和 41.41%（图 5 - 13b）。与 LK 相比，LKCOR 处理的单位鲜重根系 AWF NADH 含量降低 4.19%，单位鲜重根系 SWF NADH 含量增加 0.57%（图 5 - 13a、图 5 - 13b）。

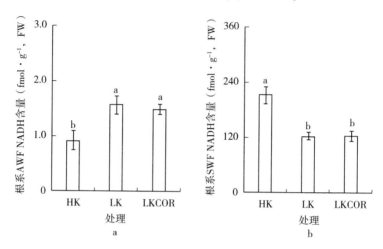

图 5 - 13　不同处理下单位鲜重根系 AWF 和 SWF NADH 含量

注：HK 为对照，LK 为低钾处理，LKCOR 为低钾＋冠菌素处理。重复＝5。不同字母表示处理间差异显著（$P < 0.05$）。

与 HK 相比，LK 和 LKCOR 处理的单位鲜重根系 AWF NAD 含量分别显著增加 130.27% 和 183.07%（图 5 - 14a）；LK 和 LKCOR 处理的单位鲜重根系 SWF NAD 含量分别显著增加 185.64% 和 71.61%（图 5 - 14b）。与 LK 处理相比，LKCOR 处理的单位鲜重根系 AWF NAD 含量增加 22.93%，单位鲜重根系 SWF NAD 含量显著降低 39.92%（图 5 - 14a、图 5 - 14b）。

与 HK 相比，LK 和 LKCOR 处理的单位鲜重根系 AWF NADH/NAD 分别降低 26.01% 和 42.33%（图 5 - 15a）；LK 和 LKCOR 处理的单位鲜重根系 SWF NADH/NAD 分别减少 79.60% 和 65.86%（图 5 - 15b）。与 LK 处理相比，LKCOR 处理

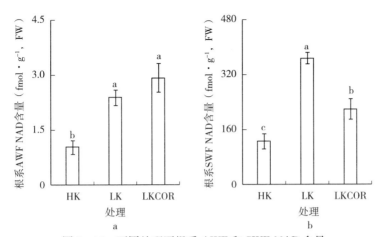

图 5-14　不同处理下根系 AWF 和 SWF NAD 含量

注：HK 为对照，LK 为低钾处理，LKCOR 为低钾＋冠菌素处理。重复＝5，不同字母表示处理间差异显著（$P<0.05$）。

的单位鲜重根系 AWF NADH/NAD 降低 22.06％，单位鲜重根系 SWF NADH/NAD 增加 67.39％（图 5-15a、图 5-15b）。

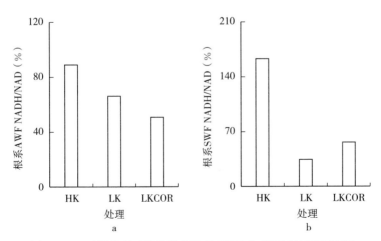

图 5-15　不同处理下单位鲜重根系 AWF 和 SWF NADH/NAD

注：HK 为对照，LK 为低钾处理，LKCOR 为低钾＋冠菌素处理。

（4）烟酰胺腺嘌呤二核苷酸磷酸（包括 NADP、NADPH、NADPH/NADP）含量

与 HK 相比，LK 和 LKCOR 处理的单位鲜重根系 AWF NADPH 含量分别显著增加 72.68％和 235.76％（图 5 - 16a）；LK 处理的单位鲜重根系 SWF NADPH 含量显著降低 44.74％，LKCOR 处理的单位鲜重根系 SWF NADPH 含量增加 9.33％（图 5 - 16b）。与 LK 处理相比，LKCOR 处理的单位鲜重根系 AWF 和 SWF NADPH 含量分别显著增加 94.44％和 97.84％（图 5 - 16a、图 5 - 16b）。

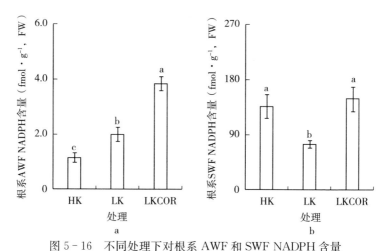

图 5 - 16　不同处理下对根系 AWF 和 SWF NADPH 含量

注：HK 为对照，LK 为低钾处理，LKCOR 为低钾＋冠菌素处理。重复＝5。不同字母表示处理间差异显著（$P < 0.05$）。

与 HK 相比，LK 和 LKCOR 处理的单位鲜重根系 AWF NADP 含量分别显著增加 59.51％和 69.23％（图 5 - 17a）；LK 和 LKCOR 处理的单位鲜重根系 SWF NADP 含量分别显著增加 46.23％和 19.45％（图 5 - 17b）。与 LK 处理相比，LKCOR 处理的单位鲜重根系 AWF NADP 含量增加 6.10％，单位鲜重根系 SWF NADP 含量显著降低 18.31％（图 5 - 17a、图 5 - 17b）。

与 HK 相比，LK 和 LKCOR 处理的单位鲜重根系 AWF NADPH/NADP 分别增加 8.26％和 98.40％（图 5 - 18a）；LK 和 LKCOR 处理的

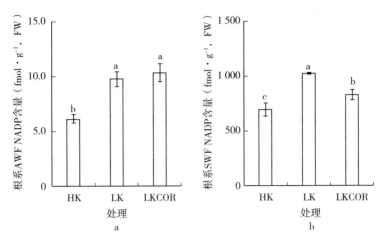

图 5-17 不同处理下单位鲜重根系 AWF 和 SWF NADP 含量

注：HK 为对照，LK 为低钾处理，LKCOR 为低钾＋冠菌素处理。重复＝5。不同字母表示处理间差异显著（$P < 0.05$）。

单位鲜重根系 SWF NADPH/NADP 分别减少 62.21％和 8.47％（图 5-18b）。与 LK 处理相比，LKCOR 处理的单位鲜重根系 AWF 和 SWF NADPH/NADP 分别增加 83.26％和 142.18％（图 5-18a、图 5-18b）。

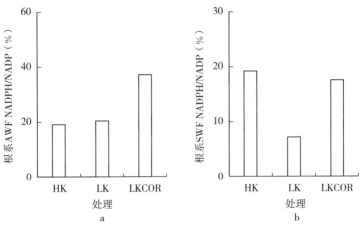

图 5-18 不同处理下单位鲜重根系 AWF 和 SWF NADPH/NADP

注：HK 为对照，LK 为低钾处理，LKCOR 为低钾＋冠菌素处理。重复＝5。不同字母表示处理间差异显著（$P < 0.05$）。

（5）多酚含量

与 HK 相比，LK 和 LKCOR 处理的单位鲜重根系 AWF 多酚含量分别显著增加 30.05％和 28.05％（图 5-19a）；LK 处理的单位鲜重子叶 AWF 多酚含量减少 15.40％，LKCOR 处理的单位鲜重子叶 AWF 多酚含量显著增加 291.02％（图 5-20a）；LK 和 LKCOR 处理的单位鲜重根系 SWF 多酚含量分别显著降低 23.31％和 14.69％（图 5-19b）；LK 处理的单位鲜重子叶 SWF 多酚含量增加 13.07％，LKCOR 处理的单位鲜重子叶 SWF 多酚含量显著增加 135.75％（图 5-20b）。与 LK 处理相比，LKCOR 处理的单位鲜重根系 AWF 多酚含量无显著变化，单位鲜重根系 SWF 多酚含量显著增加 9.11％（图 5-19a、图 5-19b）；LKCOR 处理的单位鲜重子叶 AWF 和 SWF 多酚含量分别显著增加 362.21％和 108.50％（图 5-20a、图 5-20b）。

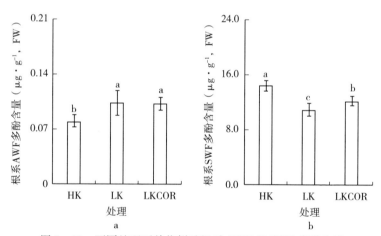

图 5-19　不同处理下单位鲜重根系 AWF 和 SWF 多酚含量

注：HK 为对照，LK 为低钾处理，LKCOR 为低钾＋冠菌素处理。重复＝5。不同字母表示处理间差异显著（$P<0.05$）。

5.2.6.2　非酶抗氧化能力

与 HK 相比，LK 处理的单位鲜重根系 AWF DPPH 自由基清除率增加 12.27％，LKCOR 处理的单位鲜重根系 AWF DPPH 自

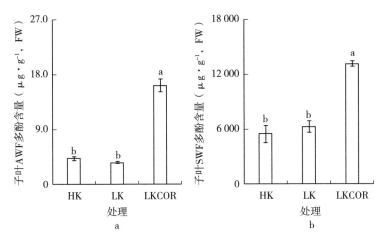

图 5 - 20　不同处理下单位鲜重子叶 AWF 和 SWF 多酚含量

注：HK 为对照，LK 为低钾处理，LKCOR 为低钾＋冠菌素处理。重复＝5。不同字母表示处理间差异显著（$P<0.05$）。

由基清除率显著减少 75.76％（图 5 - 21）；LK 处理的单位鲜重子叶 AWF DPPH 自由基清除率分别显著增加 13.26％，LKCOR 处理的单位鲜重子叶 AWF DPPH 自由基清除率显著减少 43.92％（图 5 - 22）；LK 处理的单位鲜重根系 SWF DPPH 自由基清除率增加 12.80％，LKCOR 处理的单位鲜重根系 SWF DPPH 自由基清除率显著增加 92.05％（图 5 - 21）；LK 和 LKCOR 处理的单位鲜重子叶 SWF DPPH 自由基清除率分别显著增加 15.12％ 和 41.23％（图 5 - 22）。与 LK 处理相比，LKCOR 处理的单位鲜重根系 AWF DPPH 自由基清除率显著减少 78.41％，单位鲜重根系 SWF DPPH 自由基清除率显著增加 70.25％（图 5 - 21）；LKCOR 处理的单位鲜重子叶 AWF DPPH 自由基清除率显著减少 50.48％，单位鲜重子叶 SWF DPPH 自由基清除率显著增加 22.68％（图 5 - 22）。

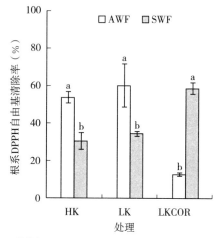

图 5-21 不同处理下根系 AWF 和 SWF DPPH 自由基清除率

注：HK 为对照，LK 为低钾处理，LKCOR 为低钾＋冠菌素处理。重复＝5。不同字母表示处理间差异显著（$P < 0.05$）。

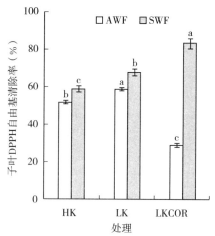

图 5-22 不同处理下子叶 AWF 和 SWF DPPH 自由基清除率

注：HK 为对照，LK 为低钾处理，LKCOR 为低钾＋冠菌素处理。重复＝5。不同字母表示处理间差异显著（$P < 0.05$）。

5.3 讨论与结论

活性氧是调节植物生长发育和协调植物对生物及非生物胁迫反应的关键信号分子。植物遇到逆境时，植物体内活性氧含量会增加，从而打破氧化还原平衡体系（Mittler et al.，2004；Singh et al.，2011），氧化还原平衡体系被扰乱，细胞转化为应激状态，会导致早衰。H_2O_2 和超氧阴离子的含量对活性氧的水平起决定性作用（Kim et al.，2011）。MDA 和蛋白羧基化程度是反映植物氧化胁迫程度的重要指标（Sohal et al.，1993；Yan et al.，1998；Sakuragawa et al.，1999）。阻止活性氧的毒害作用需要一个大的基因网络，抗氧化物酶和许多抗氧化蛋白质、代谢物均是该网络的组成部分（Mittler et al.，2004；Singh et al.，2011）。植物体内活性氧产生和清除之间的平衡十分重要，并由一套有效的酶促和非酶促抗氧化系统来监控（张梦如 等，2014）。

钾缺乏胁迫会打破大豆体内活性氧的产生与清除之间的关系，导致活性氧含量的增加（王晓光 等，2010）。钾缺乏胁迫会引起番茄子叶中 H_2O_2 的积累，并引起子叶中 MDA 含量升高（李凯龙等，2013）。过多的活性氧会破坏核酸、引起氧化应激蛋白质损伤和脂质过氧化，影响细胞的许多功能（Foyer et al.，2005）。本实验发现，钾缺乏胁迫导致棉花子叶质内体中 H_2O_2 的积累，这与发现的钾缺乏胁迫引起子叶质内体 MDA 含量上升互为印证，并和前人的研究结果一致。

蛋白羧基化是一种化学上多样的氧化翻译后修饰，被公认为是氧化应激和蛋白质损伤的生物标志，能反映细胞的氧化状态。MDA 是植物细胞质膜过氧化的最终产物，其含量可直接反映出细胞膜的损伤程度和植物抗逆性的强弱（单长卷 等，2014）。况帅等（2018）研究发现，钾缺乏胁迫下钾敏感型烟草体内 MDA 含量升高。Hernandez 等（2012）发现钾缺乏胁迫会引起番茄体内 MDA 大量积累。王晓光等（2010）认为，随着钾浓度的降低，大豆细膜的完整性受到破坏，通透性增加，MDA 含量增加。齐付国等（2006b）研究发现，冠菌素处理能显著降低冬小麦和春小麦叶片的膜透性，增加冬小麦和春小麦的抗寒性。谢志霞等（2012）研究发现，冠菌素处理的棉花萌发种子和幼苗叶片中可溶性蛋白含量均显著高于未添加冠菌素的处理。高伟等（2012）研究发现，对干旱胁迫下的水稻幼苗进行冠菌素处理可增加其可溶性蛋白的积累。

本实验发现，冠菌素处理棉花幼苗子叶质内体的可溶性蛋白含量显著高于高钾和钾缺乏处理，与高钾处理相比，钾缺乏处理子叶质内体可溶性蛋白含量虽没有显著差异，但其质内体中 MDA 含量升高，表明钾缺乏胁迫引起棉花子叶细胞内氧化状态升高，膜脂过氧化程度增强。

本研究中钾缺乏时，棉花根系活性氧增多，用于消除活性氧的抗氧化物酶及还原型非酶抗氧化物含量等降低，氧化型非酶抗氧化物增加，抗氧化能力降低。但是，冠菌素对钾缺乏下的活性氧含量、氧化胁迫程度、部分氧化型非酶抗氧化物含量有显著抑制作用，对部分还原型非酶抗氧化物含量有显著促进作用。

6 钾营养与棉花 AWF 代谢组

6.1 实验材料与方法

采用美国孟山都公司培育的钾敏感性材料 DP99B。

6.1.1 实验材料

幼苗培养方法及处理同 2.1.1，将处理 6d 的棉花植株根系和子叶样品进行取样，根系采用 4℃ 下 $800 \times g$ 离心 20min 收集 AWF；子叶采用 4℃ 下，在 50mmol·L^{-1} 的磷酸缓冲液（pH 6.9）中抽真空（真空度 60kPa）1min 后，110s 缓慢恢复到常压，$400 \times g$ 离心 5min 收集 AWF。

6.1.2 实验方法

6.1.2.1 样品制备

将根系和子叶的 AWF（HK/LK/LKCOR 三种处理的 AWF）分别在超净工作台用 $0.45 \mu mol·L^{-1}$ 的无机滤膜过滤，过滤后的 AWF 转入 3KD（截留的蛋白质分子量）的超滤管内，并记录过滤前体积，$7\,500 \times g$ 低温离心 45min。离心后向管内滤过液体加入 70% 甲醇，加至溶液体积与根鲜重体积相近，4℃ 条件下，$13\,000 \times g$ 离心 30min，取上清液，真空冻干。

6.1.2.2 色谱质谱采集条件

数据采集系统主要包括超高效液相色谱（ultra-high performance liquid chromatography，UPLC）（Shim-pack UFLC SHIMADZU CBM30A）和串联质谱（tandem mass spectrometry，MS/MS）（Applied Biosystems 6500 QTRAP）。

（1）液相条件

a. 色谱柱：Waters ACQUITY UPLC HSS T3 C18 $1.8 \mu m$，2.1mm×100mm。

b. 流动相：水相为超纯水（加入 0.04% 的乙酸），有机相为乙腈（加入 0.04% 的乙酸）。

c. 洗脱梯度：水、乙腈体积比分别为 0min 95/5，11.0min 5/95，12.0min 5/95，12.1min 95/5，15.0min 95/5。

d. 流速 0.4mL·min^{-1}；柱温 40℃；进样量 2μL。

（2）质谱条件

电喷雾离子源（electrospray ionization，ESI）温度 500℃，质谱电压 5 500V，气帘气（curtain gas，CUR）25psi（172.368 925kPa），碰撞活化电离（collisionally activated dissociation，CAD）参数设置为高。在三重四极杆（QQQ）中，每个离子对根据优化的去簇电压（declustering potential，DP）和碰撞能量（collision energy，CE）进行扫描检测。

6.1.2.3　代谢物定性与定量原理

基于自建数据库 MWDB（metware database）及代谢物信息公共数据库，根据二级谱信息进行物质定性，分析时去除了同位素信号，含 K^+、Na^+、NH_4^+ 的重复信号，以及本身是其他更大分子量物质的碎片离子的重复信号。

代谢物定量是利用三重四级杆质谱的多反应监测模式（multiple reaction monitoring，MRM）分析完成。MRM 中，四级杆首先筛选目标物质的前体离子（母离子），排除掉其他分子量物质对应的离子以初步排除干扰；前体离子经碰撞室诱导电离后断裂形成很多碎片离子，碎片离子再通过三重四级杆过滤选择出所需要的一个特征碎片离子，排除非目标离子干扰，使定量更为精确，重复性更好。获得不同样本的代谢物质谱分析数据后，对所有物质质谱峰进行峰面积积分，并对其中同一代谢物在不同样本中的质谱出峰进行积分校正（Fraga et al.，2010）。

6.2　结果与分析

6.2.1　LK 和 LKCOR 处理根系和子叶 AWF 代谢组主成分分析

在做差异分析前，首先对根系和子叶分组样品进行主成分分析，如图 6-1 与图 6-2 所示，观察分组之间的变异度大小。结果表明，根系与子叶处理组之间变异度较大，即数据比较合理。

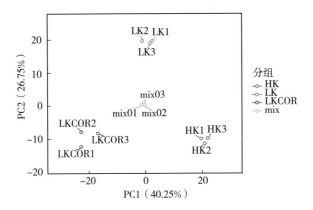

图 6-1　根系各处理样品与质控样品质谱数据的 PCA 得分

注：HK 为对照，LK 为低钾处理，LKCOR 为低钾＋冠菌素处理。重复＝3。X 轴表示第一主成分，Y 轴表示第二主成分。将原始数据压缩成 n 个主成分来描述原始数据集的特征，PC1 表示能描述多维数据矩阵中最明显的特征，PC2 表示除 PC1 之外所能描述数据矩阵中最显著的特征。

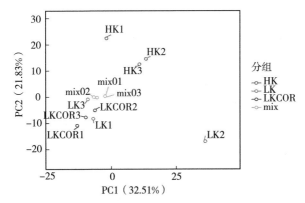

图 6-2　子叶各处理样品与质控样品质谱数据的 PCA 得分

注：HK 为对照，LK 为低钾处理，LKCOR 为低钾＋冠菌素处理。重复＝3。X 轴表示第一主成分，Y 轴表示第二主成分。将原始数据压缩成 n 个主成分来描述原始数据集的特征，PC1 表示能描述多维数据矩阵中最明显的特征，PC2 表示除 PC1 之外所能描述数据矩阵中最显著的特征。

6.2.2 差异代谢物筛选结果

采取将 *fold change*（差异倍数）和 OPLS‐DA 模型的 VIP 值（差异显著性）相结合的方法来筛选差异代谢物。根系和子叶不同钾营养水平及冠菌素调控低钾营养水平的 AWF 代谢物筛选结果分别如附表 1 至附表 6 所示。首先对差异代谢物进行大类归类（图 6‐3 至图 6‐8），然后对差异代谢物筛选结果进行分析。

6.2.2.1 初级代谢物

（1）氨基酸及其衍生物

由附表 4、附表 5 和附表 6 可知，与 HK 相比，LK 处理子叶 AWF 中检测出显著差异氨基酸及其衍生物共 13 种，除了 N‐乙酰基苏氨酸和还原型谷胱甘肽显著上调外，其余 11 种均显著下调。与 HK 相比，LKCOR 处理中检测出显著差异氨基酸衍生物 11 种，其中 6 种上调，5 种下调。与 LK 相比，LKCOR 处理中检测出显著差异氨基酸及其衍生物 10 种，其中 8 种上调。

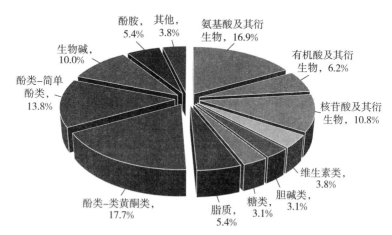

图 6‐3　LK/HK 根系 AWF 差异代谢物归类

注：HK 为对照，LK 为低钾处理。重复＝3。

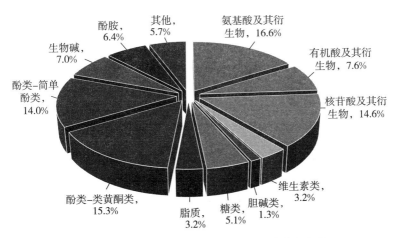

图 6-4 LKCOR/HK 根系 AWF 差异代谢物归类

注：HK 为对照，LKCOR 为低钾＋冠菌素处理。重复＝3。

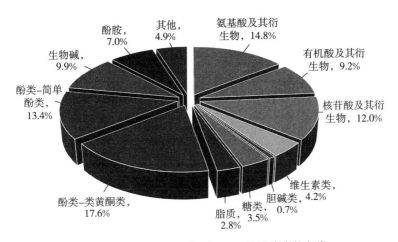

图 6-5 LKCOR/LK 根系 AWF 差异代谢物归类

注：LK 为低钾处理，LKCOR 为低钾＋冠菌素处理。重复＝3。

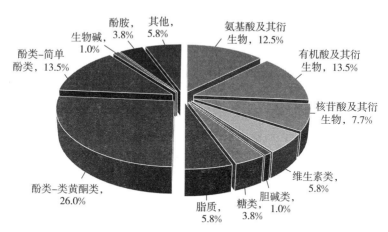

图 6-6 LK/HK 子叶 AWF 差异代谢物归类

注：HK 为对照，LK 为低钾处理。重复＝3。

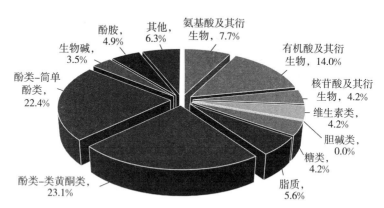

图 6-7 LKCOR/HK 子叶 AWF 差异代谢物归类

注：HK 为对照，LKCOR 为低钾＋冠菌素处理。重复＝3。

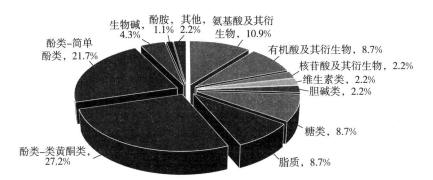

图 6-8　LKCOR/LK 子叶 AWF 差异代谢物归类

注：LK 为低钾处理，LKCOR 为低钾＋冠菌素处理。重复＝3。

（2）糖类

由附表 5、附表 5 和附表 6 可知，与 HK 相比，LK 处理子叶 AWF 中检测出显著差异糖类 4 种，2-脱氧核糖-5′-磷酸上调，其余 3 种均下调。与 HK 相比，LKCOR 处理中检测出显著差异糖类 6 种，除核酮糖-5-磷酸、DL-泛酰醇外，均上调。与 LK 相比，LKCOR 处理中检测出显著差异糖类 8 种，除核酮糖-5-磷酸外，均上调。

（3）脂质

由附表 4、附表 5 和附表 6 可知，与 HK 相比，LK 处理子叶 AWF 中检测出 6 种显著差异脂质，其中有 4 种脂肪酸，1 种甘油酯和 1 种甘油磷脂，这 6 种脂质均下调。与 HK 相比，LKCOR 处理中检测出显著差异脂质 8 种，其中有 4 种脂肪酸和 4 种甘油酯，这 8 种脂质均下调。与 LK 相比，LKCOR 处理中检测出显著差异脂质 6 种，其中 3 种脂肪酸和 3 种甘油酯，除 9-羟基十八碳三烯酸上调外，均下调。

（4）维生素类

由附表 4、附表 5 和附表 6 可知，与 HK 相比，LK 处理子叶 AWF 中检测出显著差异维生素类 6 种，3 种上调，3 种下调。与

HK 相比，LKCOR 处理中检测出显著差异维生素 6 种，也是 3 种上调，3 种下调。与 LK 相比，LKCOR 处理中检测出显著差异维生素类 2 种，也是 1 种上调，1 种下调。无论和 HK 还是 LK 相比，LKCOR 处理均明显下调了吡哆醇-O-己糖苷。

（5）有机酸及其衍生物

由附表 4、附表 5 和附表 6 可知，与 HK 相比，LK 处理子叶 AWF 中检测出显著差异有机酸及其衍生物 14 种，其中 7 种上调，7 种下调。与 HK 相比，LKCOR 处理中检测出显著差异有机酸及其衍生物 20 种，除反，反-粘康酸外，均上调。与 LK-COR 处理中检测出显著差异有机酸及其衍生物 8 种，除 3-羟基丁酸和反，反-粘康酸外，均上调。

（6）核苷酸及其衍生物

由附表 4、附表 5 和附表 6 可知，与 HK 相比，LK 处理子叶 AWF 中检测出显著差异核苷酸及其衍生物 8 种，仅 2-脱氧肌苷和 $2'$-脱氧肌苷-$5'$-磷酸上调。与 HK 相比，LKCOR 处理中检测出显著差异核苷酸及其衍生物 6 种，除 5-脱氧-5-甲硫腺苷和 $5'$-肌苷酸外，均上调。与 LK 相比，LKCOR 处理中检测出显著差异核苷酸及其衍生物 2 种，均上调。

6.2.2.2 次级代谢物

（1）酚类-类黄酮类

由附表 4、附表 5 和附表 6 可知，与 HK 相比，LK 处理子叶 AWF 中检测出显著差异类黄酮类 27 种，其中有 9 种黄酮，4 种上调，5 种下调；6 种黄烷酮，1 种上调，5 种下调；1 种黄烷醇，下调；2 种花青素，均下调；3 种异黄酮，均上调。与 HK 相比，LKCOR 处理中检测出显著差异类黄酮类 33 种，其中有黄酮 12 种，7 种上调，5 种下调；黄烷酮 5 种，除橙皮素-5-O-葡萄糖苷外，均下调；黄酮醇 9 种，除槲皮素-5-O-己糖苷-O-丙二酰己糖苷、山奈苷和阿福豆苷外，均上调；黄烷醇 2 种，1 种上调 1 种下调；花青素 2 种，1 种上调 1 种下调；异黄酮 3 种，均上调。与 LK 相比，LKCOR 处理中检测出显著差异类黄酮类 25 种，其中黄酮10种，5种上调，5种下调；黄烷酮3种，除枸橘苷外均上调；异黄酮2种，均上调。

（2）酚类-简单酚类

由附表4、附表5和附表6可知，与HK相比，LK处理子叶AWF中检测出显著差异简单酚类14种，包括羟基肉桂酰衍生物5种、香豆素及其衍生物1种、奎宁酸及其衍生物5种和苯甲酸衍生物3种，6种下调，其他8种上调。与HK相比，LKCOR处理中检测出显著差异简单酚类32种，包括羟基肉桂酰衍生物12种、香豆素及其衍生物3种、奎宁酸及其衍生物12种和苯甲酸衍生物5种，除肉桂酸、邻甲氧基苯甲酸、O-芥子酰奎宁酸、绿原酸和没食子酸甲酯外，均上调。与LK相比，LKCOR处理中检测出显著差异简单酚类20种，包括羟基肉桂酰衍生物9种、香豆素及其衍生物2种、奎宁酸及其衍生物5种和苯甲酸衍生物4种，除绿原酸外，均上调。

（3）生物碱

由附表4、附表5和附表6可知，与HK相比，LK处理子叶AWF中检测出显著差异生物碱1种，即异喹啉，下调。与HK相比，LKCOR处理中检测出显著差异生物碱5种，包括吲哚及其衍生物、色胺及其衍生物和酪胺，均上调。与LK相比，LKCOR处理中检测出显著差异生物碱4种，有可可碱、吲哚-5-甲酸、阿魏酰五羟色胺和色胺，均上调。

（4）酚胺

由附表4、附表5和附表6可知，与HK相比，LK处理子叶AWF中检测出显著差异酚胺4种，有N'、N''-二阿魏酰亚精胺、胍丁胺、腐胺和N-乙酰丁二胺，均上调。与HK相比，LKCOR处理中检测出显著差异酚胺7种，除N-对香豆酰基腐胺外均上调。与LK相比，LKCOR处理中检测出显著差异酚胺1种，上调。

6.2.3 差异代谢物聚类分析

为了方便观察代谢物变化规律，对差异显著的代谢物进行归类化处理，并绘制聚类热图，结果如图 6-9、图 6-10 所示。

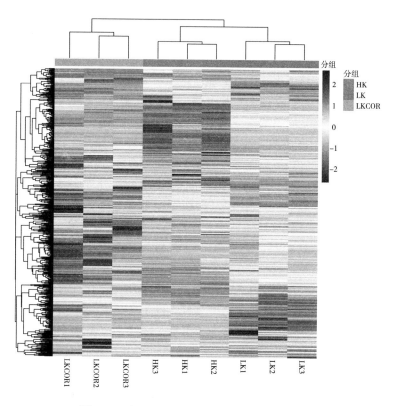

图 6-9　根系 AWF 差异代谢物统计聚类热图

注：HK 为对照，LK 为低钾处理，LKCOR 为低钾＋冠菌素处理。重复＝3。

6.2.4　差异代谢物数目统计

首先对差异代谢物进行统计，其结果如表 6-1 和表 6-2 所示。然后以韦恩图的形式，展示各组差异代谢物之间的关系（图 6-11、图 6-12）。

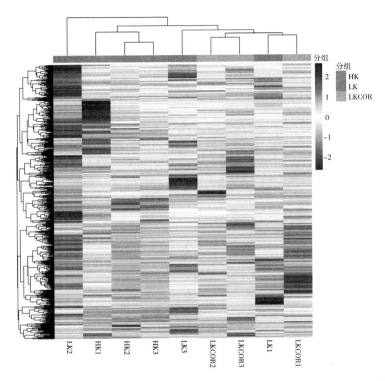

图 6-10　子叶 AWF 差异代谢物统计聚类热图

注：HK 为对照，LK 为低钾处理，LKCOR 为低钾＋冠菌素处理。重复＝3。

表 6-1　根系差异代谢物数目统计表

差异代谢物比较分组	差异显著代谢物数目	上调代谢物数目	下调代谢物数目
LK/HK	130	52	78
LKCOR/HK	157	56	101
LKCOR/LK	142	62	80

注：HK 为对照，LK 为低钾处理，LKCOR 为低钾＋冠菌素处理。筛选标准：选取差异倍数≥2 和差异倍数≤0.5 的代谢物。代谢物在对照组和实验组中差异为 2 倍以上或 0.5 以下，则认为差异显著。若样品分组存在生物学重复，在上述的基础上，选取差异显著性 VIP 值≥1 的代谢物。差异显著性表示对应代谢物的组间差异在模型中各组样本分类判别中的影响强度，一般认为差异显著性 VIP 值≥1 的代谢物为差异显著。

表 6 - 2　子叶 AWF 差异代谢物数目统计表

差异代谢物比较分组	差异显著代谢物数目	上调代谢物数目	下调代谢物数目
LK/HK	104	43	61
LKCOR/HK	143	100	43
LKCOR/LK	92	68	24

注：HK 为对照，LK 为低钾处理，LKCOR 为低钾＋冠菌素处理。筛选标准：选取差异倍数≥2 和差异倍数≤0.5 的代谢物。代谢物在对照组和实验组中差异为 2 倍以上或 0.5 以下，则认为差异显著。若样品分组存在生物学重复，在上述的基础上，选取差异显著性 VIP 值≥1 的代谢物。差异显著性表示对应代谢物的组间差异在模型中各组样本分类判别中的影响强度，一般认为差异显著性 VIP 值≥1 的代谢物则为差异显著。

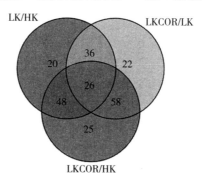

图 6 - 11　根系 AWF 差异代谢物统计韦恩图

注：HK 为对照，LK 为低钾处理，LKCOR 为低钾＋冠菌素处理。

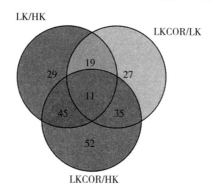

图 6 - 12　子叶 AWF 差异代谢物统计韦恩图

注：HK 为对照，LK 为低钾处理，LKCOR 为低钾＋冠菌素处理。

6.2.5 KEGG 通路富集

根据差异代谢物结果，进行 KEGG 通路富集。其中，富集因子为差异表达的代谢物中在对应通路中的个数与该通路检测注释到的代谢物总数的比值，该值越大表示富集程度越大。P 越接近 0，表示富集越显著。图中点的大小代表富集到相应通路上的差异显著代谢物个数。结果展示如图 6 - 13 至图 6 - 18 所示。

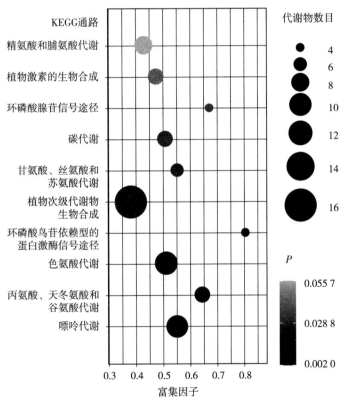

图 6 - 13　LK/HK 根系 AWF 差异代谢物 KEGG 富集图

注：HK 为对照，LK 为低钾，LKCOR 为低钾＋冠菌素处理。重复＝3。横坐标表示每个通路对应的富集因子，纵坐标为通路名称，P 用颜色深浅表示，越深表示富集越显著。

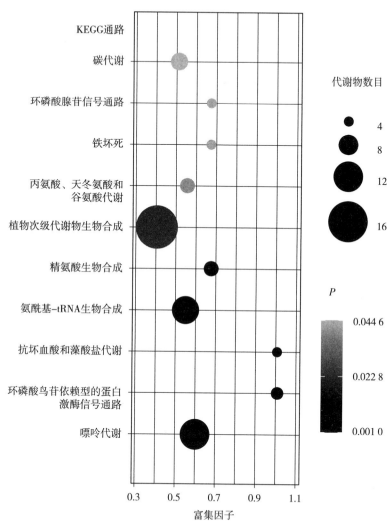

图 6-14　LKCOR/HK 根系 AWF 差异代谢物 KEGG 富集图

注：HK 为对照，LK 为低钾处理，LKCOR 为低钾＋冠菌素处理。重复＝3。横坐标表示每个通路对应的富集因子，纵坐标为通路名称，P 用颜色深浅表示，越深表示富集越显著。

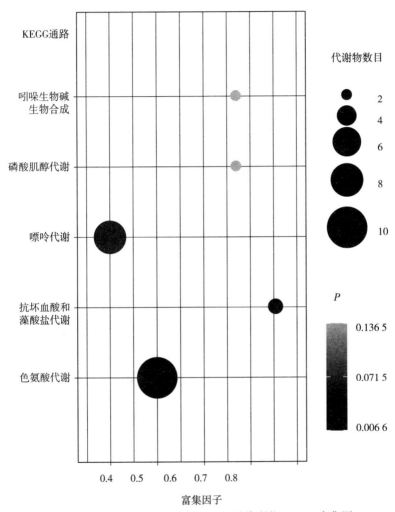

图 6-15 LKCOR/LK 根系 AWF 差异代谢物 KEGG 富集图

注：HK 为对照，LK 为低钾处理，LKCOR 为低钾＋冠菌素处理。重复＝3。横坐标表示每个通路对应的富集因子，纵坐标为通路名称，P 用颜色深浅表示，越深表示富集越显著。

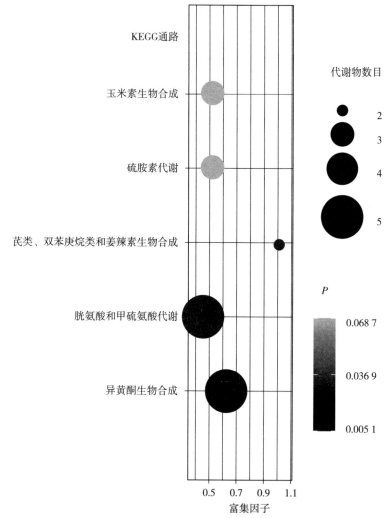

图 6-16 LK/HK 子叶 AWF 差异代谢物 KEGG 富集图

注：HK 为对照，LK 为低钾处理，LKCOR 为低钾＋冠菌素处理。重复＝3。横坐标表示每个通路对应的富集因子，纵坐标为通路名称，P 用颜色深浅表示，越深表示富集越显著。

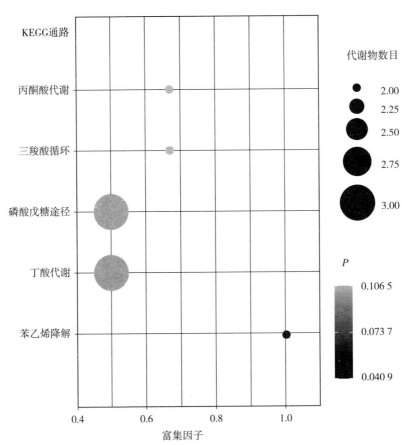

图 6 - 17　LKCOR/HK 子叶 AWF 差异代谢物 KEGG 富集图

注：HK 为对照，LK 为低钾，LKCOR 为"低钾＋冠菌素"处理。重复＝3。横坐标表示每个通路对应的富集因子，纵坐标为通路名称，P 用颜色深浅表示，越深表示富集越显著。

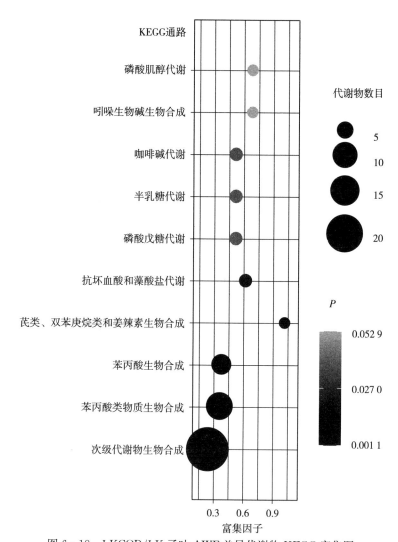

图 6 - 18　LKCOR/LK 子叶 AWF 差异代谢物 KEGG 富集图

注：HK 为对照，LK 为低钾处理，LKCOR 为"低钾＋冠菌素"处理。重复＝3。横坐标表示每个通路对应的富集因子，纵坐标为通路名称，P 用颜色深浅表示，越深表示富集越显著。

棉花根系 AWF 中，与 HK 相比，LK 处理植物次级代谢物生物合成通路富集到 16 个显著差异代谢物；色氨酸代谢通路、嘌呤代谢通路分别富集到 10 个和 11 个显著差异代谢物。与 HK 相比，LKCOR 处理植物次级代谢物生物合成通路中富集到 17 个显著差异代谢物；嘌呤代谢、氨酰基-tRNA 生物合成通路次之，分别有 12 个和 11 个显著差异代谢物。与 LK 处理相比，LKCOR 处理色氨酸代谢通路富集到的差异代谢物最多，有 10 个显著差异代谢物；嘌呤代谢通路富集到 8 个差异代谢物，但不显著。

棉花子片 AWF 中，与 HK 相比，LK 处理异黄酮生物合成通路、胱氨酸和甲硫氨酸代谢通路富集到的显著差异代谢物最多，均为 5 个。与 HK 相比，LKCOR 处理丁酸代谢和磷酸戊糖途径均富集到 3 个差异代谢物，其他代谢通路均富集到 2 个差异代谢物。与 LK 处理相比，LKCOR 处理后，次级代谢物生物合成通路富集的差异代谢物最多，为 24 个，苯丙酸类物质生物合成途径次之，富集到 14 个显著差异代谢物。

6.3 讨论与结论

植物在受到非生物胁迫时，植物的细胞和组织内很多代谢途径都会发生改变，大量代谢物质含量改变以重构代谢平衡。初级和次级代谢中，活性氧与生物分子（如膜脂、蛋白质和 DNA）的反应会在其结构中引起不可逆的损害，并通过脂氧合酶，启动膜脂过氧化。研究者用两种野生大麦基因型和一个栽培品种来研究响应于钾缺乏胁迫的代谢组变化，在 3 种基因型的根和叶中共鉴定出 57 种代谢物，解析出一种野生大麦基因型有较高的耐受性，与其较少的糖类消耗及更多的葡萄糖和其他糖的储存有关（Noctor et al.，2007）。正常情况下植物通过体内的抗氧化体系维持自身氧化还原平衡的稳态，盐胁迫和极端温度等非生物胁迫会影响抗氧化体系的功能。植物体内的 H_2O_2 主要靠 POD、APX 和 CAT 酶分解并加以清除（Tappel，1973）。例如，SOD 催化超氧阴离子发生歧化反应

生产 O_2 和 H_2O_2，植物体内 SOD 的活性是反映其抗逆性的重要指标（Neill et al.，2002）。G-POD 通过消耗 H_2O_2 参与木质素的生物合成，抵御逆境胁迫引起的氧化还原平衡的变化。

于振文等（1996）通过研究发现，生育后期遭受钾缺乏胁迫的小麦旗叶中 G-POD 酶活性和 MDA 含量显著升高。Radotic 等（2000）发现，云杉针叶的 G-POD 酶活性随着镉胁迫的处理时间呈现先增加后减少，以此来缓解镉胁迫引起的氧化还原平衡的变化，缓解细胞受活性氧的毒害。对遭受胁迫的玉米用冠菌素处理能显著提高其 SOD、POD、CAT 和 APX 酶活性（Wang，2008）。Kumari 等（2006）研究指出，茉莉酸能提高花生幼苗体内 SOD、POD、CAT 和 GR 酶活性。类似地，冠菌素通过提高盐胁迫棉花体内茉莉酸的含量，增加了抗氧化酶活性，提高了对活性氧的清除能力（谢志霞 等，2012）。王庆燕等（2015）研究发现，对遭受干旱胁迫的玉米幼苗喷施冠菌素，可增加幼苗叶绿素含量和抗氧化物的活性。本研究表明，钾缺乏胁迫引起棉花子叶质内体和质外体 G-POD 酶活性比 HK 显著升高，这有助于受钾缺乏胁迫的子叶避免氧化还原状态的过度氧化，与前人的研究结果一致。Kukreja 等（2005）发现，在盐胁迫下，桑椹、鹰嘴豆和番茄中 SOD 酶活性均有显著提高。Badawi 等（2004）发现 APX 在烟草叶绿体中的过表达增强了烟草对盐胁迫和干旱胁迫的耐受性，有助于维持烟草细胞内氧化还原平衡的稳定。本实验发现，LK 和 LKCOR 处理子叶的 APX 酶活性显著升高，与上述研究结论一致，且与子叶内 H_2O_2 和超氧阴离子含量的变化趋势互为印证。

多酚中的类黄酮类化合物是最具生物活性的植物次级代谢物之一。大多数类黄酮类化合物都比众所周知的抗氧化物生物活性表现更佳，如生育酚通过清除活性氧自由基解除或缓解细胞的膜脂过氧化（Hernández et al.，2009）。类黄酮类化合物通过在自由基破坏细胞前定位和中和自由基而清除活性氧，这在逆境胁迫下对植物很重要（Løvdal et al.，2010）。傅乃武等（1992）研究发现，诃子的多酚提取物对活性氧有较强的清除作用。葡多酚属于黄烷醇类，是一种有效的自由基清除剂，对多种不同性质的自由基有良好的清除作用（Maffei，1994）。

本研究表明，LK 处理的子叶 SWF 多酚含量比 LKCOR 处理显著增加，多酚含量的显著增加有助于清除 LK 处理子叶中高浓度的活性氧，减轻正在遭受钾缺乏胁迫的子叶膜脂过氧化程度并减少活性氧对细胞的毒害。AWF 差异代谢物筛选发现，与 HK 相比，LK 处理子叶共筛选出 90 个差异代谢物，其中 5 个上调，55 个下调。初级代谢物中的 D-（＋）-蔗糖下调，表明 AWF 中糖类积累量减少，抑制了子叶的生长。与 HK 相比，LKCOR 处理共筛选出 130 个差异代谢物，其中 92 个上调，38 个下调，初级代谢物中的 5-磷酸核酮糖下调，说明 LKCOR 处理幼苗子叶的磷酸戊糖途径代谢活性增强，并且 5-磷酸核酮糖是合成 NAD（H）和 NADP（H）的原料，说明 LKCOR 处理子叶的 NAD（H）和 NADP（H）合成受到抑制，这与 AWF 中氧化还原指标测定结果互为印证。与 LK 处理相比，LKCOR 处理共筛选出 85 个差异代谢物，其中 63 个上调，22 个下调，在 63 个上调代谢物中黄酮类有 14 个，非黄酮类有 22 个，生物碱类有 12 个，初级代谢物中的 D-（＋）-蔗糖上调，表明 LKCOR 处理子叶的糖类积累量比 LK 处理增加，这与干重相关实验结果相印证。

且通过根系 AWF 结果分析可知，与 HK 相比，LK 处理使棉花根系 AWF 次级代谢物生物合成通路、色氨酸代谢通路、嘌呤代谢通路显著；LKCOR 处理使棉花根系 AWF 次级代谢物生物合成和色氨酸代谢等通路显著。其中次级代谢物生物合成差异显著。次级代谢物包括酚类化合物和生物碱等物质，酚类化合物可以作为抗氧化剂，如酚类非黄酮类的香豆素会抑制色氨酸合成的速度，因此对生长素的合成也有影响。色氨酸代谢差异显著，反映了色氨酸合成情况，色氨酸合成受阻会影响植物细胞的核内复制，从而使细胞膨大，器官变小。结合附表 1、附表 2 和附表 3 结果显示缺钾时，香豆素含量显著增加，从而导致色氨酸含量显著减少，造成细胞膨大，根系变小，然而冠菌素调控香豆素含量显著减少，色氨酸含量显著增加，从而促进了根系生长。

其中，与 HK 相比，LK 处理初级代谢物中氨基酸、糖类、脂质、维生素类及有机酸及其衍生物整体显著下调；氨基酸中仅 L-半胱氨酸显著上调，脂质中单酰甘油酯（酰基 18∶4）异构 2 和十八碳二烯-6-炔酸呈现上调，维生素类中仅烟酸甲酯上调，有机酸及其衍生物中仅 2-呋喃甲酸、尿黑酸、柠檬酸呈现上调，顺式乌头酸下调。LKCOR 处理与 HK 相比初级代谢物中反式乌头酸下调，与 LK 处理相比顺式乌头酸上调。

同时，与 HK 相比，LK 处理棉花幼苗根系 AWF 的次级代谢物酚类（类黄酮类）中黄酮醇、黄烷酮和儿茶素及其衍生物上调，部分黄酮和花青素及全部异黄酮下调。与 LK 处理相比，LKCOR 处理使次级代谢物的大部分黄酮、黄酮醇、50% 的黄烷酮、全部的异黄酮上调。与 HK 相比，LKCOR 处理使次级代谢产物的酚类（简单酚类）上调，其中大部分羟基肉桂酰衍生物和全部苯甲酸衍生物上调，而奎宁酸及其衍生物和香豆素及其衍生物大部分下调。与 LK 处理相比，LKCOR 处理中检测出 20 种差异酚类（简单酚类）其中 13 种奎宁酸及其衍生物、羟基肉桂酰衍生物、香豆素及其衍生物大部分上调。

7　钾营养与棉花 AWF 蛋白组

7.1　实验材料与方法

采自美国孟山都公司培育的钾敏感性材料棉花品种 DP99B。

7.1.1　实验材料

幼苗培养方法及处理同 2.1.1，对处理 6d 的根系进行取样后，根系样品采用 4℃下 $800×g$ 离心 20min 收集 AWF。

7.1.2　AWF 蛋白组检测方法

本实验流程，主要包括 AWF 纯化、蛋白质提取、肽段酶解、色谱分级、液相色谱-串联质谱（LC-MS/MS）数据采集、蛋白质鉴定和定量分析、差异表达蛋白质筛选、差异表达蛋白质聚类分析、功能注释和通路分析等步骤。

7.1.2.1　根系 AWF 纯化

将 AWF 在超净工作台用 $0.45\mu mol·L^{-1}$ 的无机滤膜过滤，过滤后的 AWF 转入 3KD 的超滤管内，并记录过滤前体积，$7\,500×g$ 低温离心 45min。使其滤膜以上液体剩余 $100\mu L$ 左右，低温冷冻干燥；加入 2 倍体积的含 10%TCA 和 0.087 5%β-巯基乙醇的预冷丙酮，－20℃ 静置过夜；调整体积，使每管总蛋白含量相同；$10\,000×g$ 低温离心 20min，弃上清液，再将黏附在离心管底部的蛋白沉淀悬浮在冷丙酮中，$10\,000×g$ 低温离心 20min，重复 2～3 次；把收集到的蛋白沉淀在－20℃下干燥，收集蛋白干粉。样品使用前先用 BCA 蛋白质定量试剂盒测定蛋白浓度。

7.1.2.2　蛋白质提取和肽段酶解

样品采用 SDS 裂解法［质量浓度为 4% 的 SDS（十二烷基硫酸钠），$100mmol·L^{-1}$ Tris-HCl（三羟甲基氨基甲烷盐酸盐）pH 7.6，$0.1mol·L^{-1}$ DTT（二硫苏糖醇）］提取蛋白质，然后采用 BCA 法进行蛋白质定量。每个样品取适量蛋白质采用 Filter aided proteome preparation 方法进行胰蛋白酶酶解，采用 C18

Cartridge（C18 固相小柱）对肽段进行脱盐，肽段冻干后加入 $40\mu L$ 0.1%甲酸溶液复溶，在 280nm 处测定光密度进行肽段定量（OD_{280}）。

7.1.2.3　LC-MS/MS 数据采集

每份样品采用纳升级高效液相色谱 EASY-nLC 进行分离。缓冲液：A 液为 0.1%甲酸水溶液，B 液为 0.1%甲酸乙腈水溶液（乙腈为 84%）。色谱柱以 95%的 A 液平衡，样品由自动进样器上样到上样柱（Thermo Scientific Acclaim PepMap 100，$100\mu m \times 2cm$，nanoViper C18），经过分析柱（Thermo Scientific EASY-Column，10cm，ID$75\mu m$，$3\mu m$，C18-A2）分离，流速 $300nL \cdot min^{-1}$。

样品经色谱分离后用 Q-Exactive 质谱仪进行质谱分析。检测方式为正离子，母离子扫描范围 $300 \sim 1\,800m \cdot z^{-1}$［z 为盎司（oz）的缩写，$1oz = 28.349\,52g$］，一级质谱分辨率为 $70\,000$，扫描范围为 $200m \cdot z^{-1}$，自动增益控制（automatic gain control，AGC）目标为 10^6，Maximum IT 为 50ms，动态排除时间（dynamic exclusion）为 60.0s。多肽和多肽碎片的质量电荷比按照下列方法采集：每次全扫描（full scan）后采集 20 个碎片图谱（MS2scan），MS2 解离模式（MS2 Activation Type）为高能碰撞解离（HCD），隔离窗口（Isolation window）为 $2m \cdot z^{-1}$，二级质谱分辨率为 $17\,500$，扫描范围为 $200m \cdot z^{-1}$，归一化碰撞能量（Normalized Collision Energy）为 30eV，底部填充剂为 0.1% Underfill。

7.1.2.4　蛋白质鉴定和定量分析

质谱分析原始数据为 RAW 文件，用 MaxQuant 软件进行鉴定及定量分析。

7.1.2.5　生物信息学分析

（1）GO 功能注释

利用 Blast2GO 对目标蛋白质集合进行 Gene Ontology（GO）注释，过程大致可以归纳为序列比对、GO 条目提取、GO 注释和 InterProScan 补充注释等四个步骤。

（2）KEGG 通路注释

利用 KAAS（KEGG Automatic Annotation Server）软件，对

目标蛋白质集合进行 KEGG 通路注释。

（3）GO 注释和 KEGG 注释的富集分析

采用 Fisher 精确检验（Fisher's Exact Test），比较各个 GO 分类或 KEGG 通路在目标蛋白质集合和总体蛋白质集合中的分布情况，对目标蛋白质集合进行 GO 注释或 KEGG 通路注释的富集分析。

（4）蛋白质聚类分析

首先对目标蛋白质集合的定量信息进行归一化处理［归一化到（－1，1）区间］。然后，使用 Complexheatmap R 包（R Version 3.4）同时对样品和蛋白质的表达量两个维度进行分类（距离算法：欧几里得，连接方式：Average linkage），并生成层次聚类热图。

7.2 不同钾营养水平及冠菌素调控低钾水平对根系 AWF 蛋白组的影响

7.2.1 实验和生物信息学

本项目共鉴定到蛋白质 801 个，详细的质谱采集和鉴定信息见表 7-1。不同处理之间的蛋白质鉴定重叠情况如图 7-1 所示。

表 7-1 蛋白质鉴定结果统计

数据库物种名称	样本名称	蛋白质总数
UniProt	LK-1	576
UniProt	LK-2	576
UniProt	LK-3	595
UniProt	HK-1	659
UniProt	HK-2	647
UniProt	HK-3	663
UniProt	LKCOR-1	582
UniProt	LKCOR-2	572

（续）

数据库物种名称	样本名称	蛋白质总数
UniProt	LKCOR-3	574
UniProt	9组共有	801

注：HK 为对照，LK 为低钾处理，LKCOR 为低钾＋冠菌素处理。如 LK-1 为 LK 处理重复1，LK-2 为处理重复2，以此类推，重复＝3。

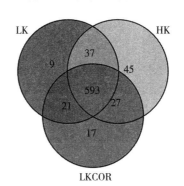

图 7-1　根系不同处理之间的差异蛋白质韦恩图

7.2.2　差异表达蛋白质筛选

以倍数变化大于 2.0 倍（上调大于 2 倍或者下调小于 0.5）且 $P < 0.05$ 的标准筛选差异表达蛋白质，各比较组的差异表达蛋白质数目见表 7-2，蛋白质定量结果统计以火山图（Volcano Plot）形式进行展示，参见图 7-2 至图 7-4。

表 7-2　蛋白质定量结果统计

差异比较组	差异倍数 上调$>$2.0 或下调$<$0.5 且 $P<0.05$		一组样品中两次及以上不为空值，另一组所有数据均为空值的差异蛋白质	
	上调	下调	上调	下调
LK/HK	71	55	17	54
LKCOR/LK	27	16	16	24
LKCOR/HK	73	63	17	64

注：HK 为对照，LK 为低钾处理，LKCOR 为低钾＋冠菌素处理。重复＝3。

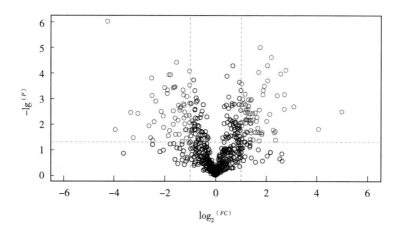

图 7-2　LK/HK 根系 AWF 蛋白质定量结果统计火山图

注：HK 为对照，LK 为低钾处理。重复＝3。P 为显著性差异值，FC 为变化倍数。

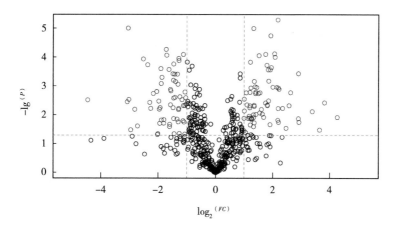

图 7-3　LKCOR/HK 根系 AWF 蛋白质定量结果统计火山图

注：HK 为对照，LKCOR 为低钾＋冠菌素处理。重复＝3。P 为显著性差异值，FC 为变化倍数。

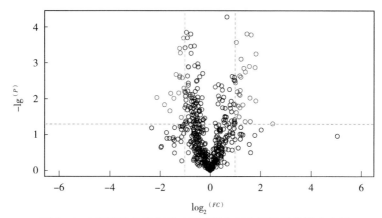

图 7-4　LKCOR/LK 根系 AWF 蛋白质定量结果统计火山图

注：LK 为低钾处理，LKCOR 为低钾＋冠菌素处理。重复＝3。P 为显著性差异值，FC 为变化倍数。

7.2.3　差异表达蛋白质聚类分析

对差异表达蛋白质进行蛋白质聚类分析（Clustering）发现，HK、LK、LKCOR 三种处理的根系 AWF 的蛋白质可以明显分离，进而说明差异表达蛋白质筛选具有合理性。

7.2.4　差异表达蛋白质 GO 功能富集分析

如图 7-5 至图 7-7 所示，分析结果表明，与 HK 相比，LK 处理中，5 个核苷代谢过程相关蛋白、5 个糖基复合物代谢过程相关蛋白、4 个核糖核苷代谢过程相关蛋白、4 个嘌呤核糖核苷代谢过程相关蛋白和 4 个嘌呤核苷代谢过程相关蛋白等重要生物学过程相关蛋白显著增加，6 个镁离子结合相关蛋白、6 个跨膜转运体活性相关蛋白、7 个 ATP 酶活性相关蛋白显著增加，42 个金属离子结合相关蛋白和 42 个阳离子结合相关蛋白等分子功能相关蛋白显著增加，17 个大分子复合体、3 个染色质、3 个 DNA 包装复合体和 3 个核小体等定位蛋白质显著增加。与 HK 相比，LKCOR处理的 8 个芳香族化合物分解代谢过程相关蛋白显著增加，6 个碳-氧裂解酶活性，100 个结合蛋白，19 个细胞质部分、38 个细胞部分等定位蛋白质显著上调。与 LK 相比，LKCOR 处理 2 个二糖代谢过程、2 个寡糖代谢过程等重要生物学过程相关蛋白显著上调，4 个翻译因子活性、5 个 RNA 结合等分子功能相关蛋白显著上调。

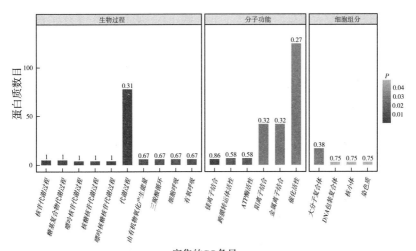

图 7-5　LK/HK GO 功能富集分析

注：HK 为对照，LK 为低钾处理。重复＝3。图中横坐标表示富集到的 GO 功能分类，分为生物过程（biological process，BP）、分子功能（molecular function，MF）和细胞组分（cellular component，CC）三大类；纵坐标表示每个功能分类下的差异蛋白质数目。条形图颜色深浅表示富集的 GO 功能分类的显著性，即基于 Fisher 精确检验计算 P（$P < 0.05$），颜色梯度代表 P 的大小，颜色越深代表 P 越小，对应的 GO 功能类别富集度的显著性水平越高。条形图上方标签显示富集因子（Rich Fator ≤ 1），富集因子表示注释到某 GO 功能类别的差异表达蛋白质数目占注释到该 GO 功能类别的所有鉴定到的蛋白质数目的比例。而与 GO 功能分类相关的差异表达蛋白质数目在某种程度上反映实验设计中生物学处理对各个分类的影响。

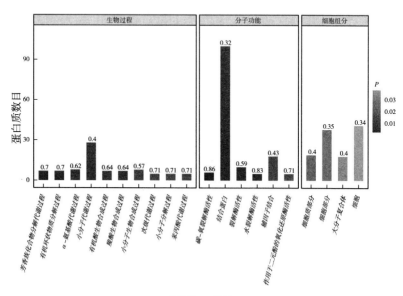

富集的GO条目

图 7-6　LKCOR/HK GO 功能富集分析

注：HK 为对照，LKCOR 为低钾＋冠菌素处理。重复＝3。图中横坐标表示富集到的 GO 功能分类，分为生物过程（biological process，BP）、分子功能（molecular function，MF）和细胞组分（cellular component，CC）三大类；纵坐标表示每个功能分类下的差异蛋白质数目。条形图颜色深浅表示富集的 GO 功能分类的显著性，即基于 Fisher 精确检验（Fisher's Exact Test）计算 P（$P<0.05$），颜色梯度代表 P 的大小，颜色越深代表 P 越小，对应的 GO 功能类别富集度的显著性水平越高。条形图上方标签显示富集因子（Rich Fator≤1），富集因子表示注释到某 GO 功能类别的差异表达蛋白质数目占注释到该 GO 功能类别的所有鉴定到的蛋白质数目的比例。而与 GO 功能分类相关的差异表达蛋白质数目在某种程度上反映实验设计中生物学处理对各个分类的影响。

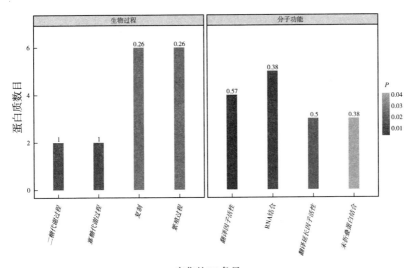

富集的GO条目

图 7 - 7　LKCOR/LK GO 功能富集分析

　　注：HK 为对照，LK 为低钾处理，LKCOR 为低钾＋冠菌素处理。重复＝3。图中横坐标表示富集到的 GO 功能分类，分为生物过程（biological process，BP）、分子功能（molecular function，MF）和细胞组分（cellular component，CC）三大类；纵坐标表示每个功能分类下的差异蛋白质数目。条形图颜色深浅表示富集的 GO 功能分类的显著性，即基于 Fisher 精确检验计算 P（$P<0.05$），颜色梯度代表 P 的大小，颜色越深代表 P 越小，对应的 GO 功能类别富集度的显著性水平越高。条形图上方标签显示富集因子（*Rich Fator*≤1），富集因子表示注释到某 GO 功能类别的差异表达蛋白质数目占注释到该 GO 功能类别的所有鉴定到的蛋白质数目的比例。而与 GO 功能分类相关的差异表达蛋白质数目在某种程度上反映实验设计中生物学处理对各个分类的影响。

7.2.5　差异表达蛋白质 KEGG 通路富集分析

　　如图 7 - 8 与图 7 - 9 所示，通过 Fisher 精确检验对比较组 LK/HK 的差异表达蛋白质进行 KEGG 通路富集分析，结果表明，10 个半胱氨酸和甲硫氨酸代谢、8 个柠檬酸循环（TCA 循环）和 10

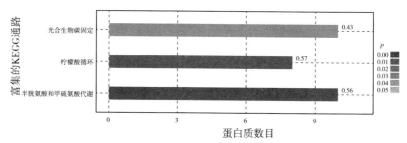

图 7-8　LK/HK KEGG 通路富集分析

　　注：HK 为对照，LK 为低钾处理。重复＝3。图中纵坐标表示显著富集的 KEGG 通路；横坐标表示每条 KEGG 通路中包含的差异表达蛋白质数目。条形图颜色表示富集的 KEGG 通路的显著性即基于 Fisher 精确检验计算 P，颜色梯度代表 P 的大小，颜色越深代表 P 越小，对应 KEGG 通路富集度的显著性水平越高。条形图上方标签显示富集因子（$Rich Fator \leqslant 1$），富集因子表示参与某 KEGG 通路的差异表达蛋白质数目占所有鉴定到的蛋白质中参与该条通路的蛋白质数目的比例。一般情况下，KEGG 通路富集结果中 P 越小（$P < 0.05$），统计学上 KEGG 通路富集越显著，而 KEGG 通路下包含的差异表达蛋白质数目在某种程度上反映实验设计中生物学处理对各个通路的影响程度大小，因此可以结合两方面因素，选择较为感兴趣的代谢或信号转导途径以及显著性影响这些途径的差异表达蛋白进行后续生物学实验验证或机制研究。

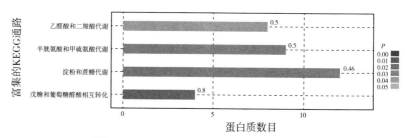

图 7-9　LKCOR/HK KEGG 通路富集分析

　　注：LK 为低钾处理，LKCOR 为低钾＋冠菌素处理。重复＝3。图中纵坐标表示显著富集的 KEGG 通路；横坐标表示每条 KEGG 通路中包含的差异表达蛋白质数目。条形图颜色表示富集的 KEGG 通路的显著性即基于 Fisher 精确检验计算 P，颜色梯度代表 P 的大小，颜色越深代表 P 越小，对应 KEGG 通路富集度的显著性水平越高。条形图上方标签显示富集因子（$Rich Fator \leqslant 1$），富集因子表示参与某 KEGG 通路的差异表达蛋白质数目占所有鉴定到的蛋白质中参与该条通路的蛋白质数目的比例。一般情况下，KEGG 通路富集结果中 P 越小（$P < 0.05$），统计学上 KEGG 通路富集越显著，而 KEGG 通路下包含的差异表达蛋白质数目在某种程度上反映实验设计中生物学处理对各个通路的影响程度大小，因此可以结合两方面因素，选择较为感兴趣的代谢或信号转导途径以及显著性影响这些途径的差异表达蛋白进行后续生物学实验验证或机制研究。

个光合生物碳固定通路蛋白质显著上调。对比较组 LKCOR/HK 的差异表达蛋白质进行 KEGG 通路富集分析，结果表明，8 个乙醛酸和二羧酸代谢、9 个半胱氨酸和甲硫氨酸代谢、12 个淀粉和蔗糖代谢、4 个戊糖和葡萄糖醛酸相互转换等重要通路相关蛋白质发生了显著上调。

结果说明，冠菌素处理抑制了半胱氨酸和甲硫氨酸代谢上调数目。

7.3 讨论与结论

利用蛋白组技术可以找到植物受到胁迫时发生差异的蛋白质，并且可以对差异蛋白质的重要生物学过程、分子功能、定位蛋白质哪些重要通路发生变化等有个确切的归类及解析（Jamet et al.，2006；Chen et al.，2006；Zang et al.，2007；Baerenfaller et al.，2008；Zhang et al.，2015）。Wan 等（2008）发现活性氧中的 H_2O_2 诱发了水稻叶片 144 个蛋白质和水稻根系质外体 54 个蛋白质（Zhou et al.，2011）的差异表达，并发现这 144 个差异蛋白主要为细胞防御、氧化还原调节、信号传导、蛋白质合成与分解、光合和光呼吸及糖类和能量代谢等相关蛋白；Zhang 等（2016）采用蛋白组学方法对棉花对钾缺乏的质外体反应的分子机制开展了研究，结果显示 LK 处理显著降低木质部汁液的钾和蛋白质含量。总共有 258 种肽在棉花幼苗的木质部汁液中定性鉴定，其中 90.31% 为分泌蛋白。

本研究发现，与 HK 相比，LK 处理的根系 AWF 差异表达蛋白质有 71 种发生了上调，55 种发生了下调；且 2 个处理中一个处理有 2 个及以上重复含有、另一个处理任一个重复不含有的差异蛋白质中，有 17 种发生了上调，54 种发生了下调。与 HK 相比，LKCOR 处理的差异表达蛋白质有 73 种发生了上调，63 种发生了下调，且 2 个处理中一个处理有 2 个及以上重复含有、另一个处理任一个重复不含有的差异蛋白质中，17 种发生了上调，64 种发生了下调。与 LK 处理相比，LKCOR 处理的差异表达蛋白质有 27 种发生了上调，16 种发生了下调，且 2 个处理中 1 个处理有两个及以上重复含有、另一个处理任一个重复不含有的差异蛋白质中，有 16 种发生了上调，24 种发生了下调。

主要参考文献

ZHUYAOCANKAOWENXIAN

曹家畅，2018. 细胞氧化还原状态在植物对干旱胁迫响应与适应中的作用 [J]. 安徽农业科学，46（28）：6-10.

晁毛妮，温青玉，张志勇，等，2017. 陆地棉钾转运体基因 GhHAK5 的序列特征及表达分析 [J]. 作物学报，44（2）：236-244.

单长卷，赵新亮，汤菊香，等，2014. 水杨酸对干旱胁迫下小麦幼苗抗氧化特性的影响 [J]. 麦类作物学报，34（1）：91-95.

段丽菊，刘英帅，朱燕，等，2005. DNPH 比色法：一种简单的蛋白质羰基含量测定方法 [J]. 毒理学杂志，19（4）：320-322.

傅乃武，全兰萍，燕利学，等，1992. Photodynamic and photobiological action of sulfonated phthalocyanines [J]. 中国癌症研究，2：4-8.

高伟，张明才，段留生，2012. 冠菌素诱导水稻幼苗抗旱性的生理效应 [J]. 农药学学报，14（4）：405-411.

高雁，娄恺，李春，2011. 盐分胁迫下棉花幼苗对外源甜菜碱的生理响应 [J]. 农业工程学报，27（S1）：244-248.

郭焱，李保国，1999. 玉米冠层的数学描述与三维重建研究 [J]. 应用生态学报，10（1）：39-41.

国志信，2016. 红光对番茄光合作用启动过程的系统调控机制 [D]. 杭州：浙江大学.

胡国霞，马莲菊，陈强，等，2011. 植物抗氧化系统对水分胁迫及复水响应研究进展 [J]. 安徽农业科学，39（3）：1278-1280.

胡泽彬，王素芳，张志勇，等，2015. Ca 对 K 缺乏下棉花根系生长的影响及与根系 K、Ca、Mg、Na 含量的关系 [J]. 江苏农业科学，43（4）：92-94.

况帅，冯迪，宋科，等，2018. 钾缺乏胁迫对烟草幼苗活性氧及抗氧化酶系统的影响 [J]. 中国烟草学报，24（2）：52-58.

李凯龙，王艺潼，韩晓雪，等，2013. 低钾胁迫对番茄叶片活性氧及抗氧化酶

系的影响 [J]. 西北植物学报，33 (1)：66 - 73.

李相文，李建民，段留生，等，2010. 冠菌素诱导冬小麦幼苗抗旱性的初步研究 [J]. 麦类作物学报，26 (9)：676 - 679.

李云玲，孙虎，刘杰，等，2014. 冠菌素及其生理功能的研究进展 [J]. 北京农业 (12)：15 - 16.

梁振娟，张亚黎，罗宏海，等，2013. 钾营养对棉花叶片光合作用及衰老特性的影响 [J]. 石河子大学学报 (自科版)，31 (3)：265 - 270.

林杉，陶洪斌，赵紫娟，2002. 离心力对蚕豆叶片质外体汁液中磷酸己糖异构酶活力的影响 [J]. 植物生理学通讯，38 (2)：153 - 155.

刘泽军，何天明，赵越，等，2014. 提取库尔勒香梨叶片质外体汁液离心力的确认 [J]. 新疆农垦科技，37 (6)：54 - 56.

柳斌，周万海，师尚礼，等，2011. 外源 Ca^{2+} 和水杨酸对苜蓿幼苗盐害的缓解效应 [J]. 中国草地学报，33 (1)：42 - 47.

马健，周桃华，2009. 钾对棉花生育及光合生理特性的影响研究进展综述 [J]. 安徽农学通报，15 (12)：47 - 49.

马廷臣，余蓉蓉，陈荣军，等，2010. PEG - 6000 模拟干旱对水稻苗期根系形态和部分生理指标影响的研究 [J]. 中国农学通报，(8)：159 - 166.

庞延军，戎鑫，施丽丽，2006. 外源茉莉酸甲酯缓解盐对水稻种子萌发的抑制作用 [J]. 华南农业大学学报，27 (1)：113 - 116.

齐付国，李建民，段留生，等，2006a. 冠菌素对小麦几个抗寒生理指标的影响 [J]. 麦类作物学报，26 (6)：149 - 153.

齐付国，李建民，段留生，等，2006b. 冠菌素和茉莉酸甲酯诱导小麦幼苗低温抗性的研究 [J]. 西北植物学报，26 (9)：1776 - 1780.

乔建磊，于海业，肖英奎，等，2011. 低钾胁迫下马铃薯植株光合机构响应特性 [J]. 吉林大学学报 (工学版)，41 (2)：282 - 286.

曲春香，沈颂东，王雪峰，等，2006. 用考马斯亮蓝测定植物粗提液中可溶性蛋白质含量方法的研究 [J]. 苏州大学学报 (自然科学版)，22 (2)：85 - 88.

王庆燕，李建民，段留生，等，2015. 冠菌素对玉米苗期植株形态建成的调控效应 [J]. 农药学学报，17 (4)：36 - 43.

王晓光，王岩，李兴涛，等，2010. 低钾胁迫对大豆叶片膜脂过氧化及保护酶活性的影响 [J]. 中国油料作物学报，32 (4)：512 - 517.

王晓茹，2015. 棉花品种间钾素营养差异及其生理机制研究 [D]. 北京：中国农业科学院.

谢志霞，杜明伟，李茂营，等，2012. 冠菌素对盐胁迫下棉花幼苗中渗透调节物质和激素水平的调控 [J]. 农药学学报，14（3）：267-276.

熊明彪，田应兵，熊晓山，等，2004. 钾肥对冬小麦根系营养生态的影响 [J]. 土壤学报，41（2）：285-291.

杨德光，孙玉珺，IRFAN A R，等，2018. 低温胁迫对玉米发芽及幼苗生理特性的影响 [J]. 东北农业大学学报，49（5）：1-8，44.

杨虹琦，周冀衡，罗泽民，等，2003. 干旱胁迫下供钾水平对烟草生长和钾素吸收及抗旱性的影响 [J]. 湖南农业大学学报（自然科学版），29（5）：15-18.

于振文，张炜，邱寿松，等，1996. 钾营养对冬小麦光合作用和衰老的影响 [J]. 作物学报，22（3）：305-312.

张梦如，杨玉梅，成蕴秀，等，2014. 植物活性氧的产生及其作用和危害 [J]. 西北植物学报，34（9）：1916-1926.

张甜，戴常青，王铭伦，等，2018. 干旱胁迫下冠菌素对花生幼苗叶片光合特性及内源激素含量的影响 [J]. 青岛农业大学学报（自然科学版），130（3）：50-55.

张肇元，杨俊，1984. 土壤钾素形态与钾肥肥效的初步研究 [J]. 土壤肥料（5）：7-10.

张志勇，王刚卫，田晓莉，等 . 2007. 棉花品种间苗期钾吸收效率的差异研究 [J]. 棉花学报，19（1）：47-51.

张志勇，王清连，李召虎，等，2009. 缺钾对棉花幼苗根系生长的影响及其生理机制 [J]. 作物学报，35（4）：718-723.

ABIRAMI R，HIMABINDU K，LEKHA T P，et al. 2015. Proteomics and Metabolomics：Two Emerging Areas for Legume Improvement [J]. Frontiers in Plant Science，6：1116.

AGIUS F，GONZALEZ - LAMOTHE R，CABALLERO J L，et al. ，2003. Engineering increased vitamin C levels in plants by overexpression of a D - galacturonic acid reductase [J]. Nature Biotechnology，21（2）：177-181.

AI L，LI Z H，XIE Z X，et al. ，2008. Coronatine Alleviates Polyethylene Glycol - induced Water Stress in Two Rice (*Oryza sativa* L.) Cultivars [J]. Journal of Agronomy & Crop Science，194（5）：360-368.

AINSWORTH D R O E，2012. Focus Issue on the Plant Physiology of Global

Change: Focus on Climate Change [J]. Plant Physiology, 160 (4): 1677 - 1685.

ALVES M, FRANCISCO R, MARTINS I, et al., 2006. Analysis of Lupinus AlbusLeaf Apoplastic Proteins in Response to Boron Deficiency [J]. Plant &. Soil, 279 (1 - 2): 1 - 11.

ARAYA T, BOHNER A, VON WIRÉN N, 2015. Extraction of apoplastic wash fluids and leaf petiole exudates from leaves of Arabidopsis thaliana [J]. Bio - protocol, 5 (24): e1691.

ARMENGAUD P, BREITLING R, AMTMANN A, 2004. The Potassium - Dependent Transcriptome of Arabidopsis Reveals a Prominent Role of Jasmonic Acid in Nutrient Signaling [J]. Plant Physiology, 136 (1): 2556 - 2576.

ASADA K, 1999. The water - water cycle in chloroplasts: scavenging of active oxygens and dissipation of excess photons [J]. Annual Review Plant Physiology and Plant, 50 (1): 601 - 639.

ASHRAF M, 2009. Biotechnological approach of improving plant salt tolerance using antioxidants as markers [J]. Biotechnology Advances, 27 (1): 84 - 93.

ASHRAF M, HARRIS P J C, 2004. Potential biochemical indicators of salinity tolerance in plants [J]. Plant Science, 166 (1): 3 - 16.

ASSMANN S M, SNYDER J A, YUH - RU J L, 2010. ABA - deficient (aba1) and ABA - insensitive (abi1 - 1, abi2 - 1) mutants of Arabidopsis have a wild - type stomatal response to humidity [J]. Plant Cell &. Environment, 23 (4): 387 - 395.

ATKIN K O, LOVEYS B R, ATKINSON L J, et al., 2006. Phenotypic plasticity and growth temperature: understanding interspecific variability [J]. Journal of Experimental Botany, 57 (2): 267 - 281.

ATKINSON N J, LILLEY C J, URWIN P E, 2013. Identification of Genes Involved in the Response of Arabidopsis to Simultaneous Biotic and Abiotic Stresses [J]. Plant Physiology, 162 (4): 2028 - 2041.

ATKINSON N J, URWIN P E, 2012. The interaction of plant biotic and abiotic stresses: from genes to the field [J]. Journal of Experimental Botany, 63 (10): 3523 - 3543.

AYANO M, KANI T, KOJIMA M, et al. , 2014. Gibberellin biosynthesis and signal transduction is essential for internode elongation in deepwater rice [J]. Plant Cell &. Environment, 37 (10): 2313 – 2324.

BABBAR N, OBEROI H S, SANDHU S K, et al. , 2014. Influence of different solvents in extraction of phenolic compounds from vegetable residues and their evaluation as natural sources of antioxidants [J]. Journal of Food Science and Technology – Mysore, 51 (10): 2568 – 2575.

BADAWI G H, YAMAUCHI Y, SHIMMADE E, et al. , 2004. Enhanced tolerance to salt stress and water deficit by overexpressing superoxide dismutase in tobacco (*Nicotiana tabacum*) chloroplasts [J]. Plant Science, 166 (4): 928.

BAERENFALLER K, GROSSMANN J, GROBEI M A, et al. , 2008. Genome – Scale Proteomics Reveals Arabidopsis Thaliana Gene Models and Proteome Dynamics [J]. Science, 320 (5878): 938 – 941.

BALL L, ACCOTTO G P, BECHTOLD U, et al. , 2004. Evidence for a Direct Link between Glutathione Biosynthesis and Stress Defense Gene Expression in Arabidopsis [J]. Plant Cell, 16 (9): 2448 – 2462.

BASU S, ROYCHOUDHURY A, SAHA P P, et al. , 2010. Comparative analysis of some biochemical responses of three indica rice varieties during polyethylene glycol – mediated water stress exhibits distinct varietal differences [J]. Acta Physiologiae Plantarum, 32 (3): 551 – 563.

BERNSTEIN L, 1975. Effects of salinity and sodicity on plant growth [J]. Annual Review of Phytopathology, 13 (1): 295 – 312.

BLANDER G, GUARENTE L, 2004. The SIR2 family of protein deacetylases [J]. Annual Review of Biochemistry, 73 (1): 417 – 435.

BOESE S R, HUNER N P A, 1990. Effect of Growth Temperature and Temperature Shifts on Spinach Leaf Morphology and Photosynthesis [J]. Plant Physiology, 94 (4): 1830 – 1836.

BOT A J, NACHTERGAELE F O, YOUNG A, 2000. Land resource potential and constraints at regional and country levels [J]. World Soil Resources Reports, 90: 111 – 114.

BRIGHT J, DESIKAN R, HANCOCK J T, et al. , 2010. ABA – induced NO generation and stomatal closure in Arabidopsis are dependent on H_2O_2 synthesis [J]. Plant Journal, 45 (1): 113 - 122.

BRODRIBB T J, JORDAN G J, 2011. Water supply and demand remain balanced during leaf acclimation of nothofagus cunninghamii trees [J]. New Phytologist, 192 (2): 437 - 448.

BROWNLEADER M D, HOPKINS J, MOBASHERI A, et al., 2000. Role of extensin peroxidase in tomato (*Lycopersicon esculentum* Mill.) seedling growth [J]. Planta, 210 (4): 668 - 676.

CAKMAK T, CAKMAK Z E, DUMLUPINAR R, et al., 2012. Analysis of apoplastic and symplastic antioxidant system in shallot leaves: Impacts of weak static electric and magnetic field [J]. Journal of Plant Physiology, 169 (11): 1066 - 1073.

CHEN S, HARMON A C, 2006. Advances in plant proteomics [J]. PROTEOMICS, 6 (20): 5504 - 5516.

CHERNYSHEVA F A, ALEKSEEVA V I, POLYGALOVA O O, et al., 2004. Localization of ATPase activity, respiration and ultrastructure of wheat root cells with modulated ion conductivity of plasma membrane [J]. Tsitologiia, 46 (3): 221 - 228.

CHOUKRALLAH R, CHOUKRALLAH R, MALCOLM C V, et al., 1996. The potential of halophytes in the development and rehabilitation of arid and semi - arid zones [C]. New York: Marcel Dekker, Inc.: 3 - 13.

CLÉ C, HILL L M, NIGGEWEG R, et al., 2008. Modulation of chlorogenic acid biosynthesis in *Solanum lycopersicum*: consequences for phenolic accumulation and UV - tolerance [J]. Phytochemistry, 69 (11): 2149 - 2156.

CREISSEN G, 1999. Elevated Glutathione Biosynthetic Capacity in the Chloroplasts of Transgenic Tobacco Plants Paradoxically Causes Increased Oxidative Stress [J]. Plant Cell, 11 (7): 1277 - 1292.

DALTON T P, SHERTZER H G, PUGA A, 1998. Regulation of gene expression by reactive oxygen [J]. Annuel review of pharmacology and toxicology, 39 (1): 67 - 101.

DASZKOWSKA - GOLEC A, SZAREJKO I, 2013. Open or Close the Gate - Stomata Action Under the Control of Phytohormones in Drought Stress Conditions [J]. Frontiers in Plant Science, 4: 138.

DAWOOD T, YANG X, VISSER E J, et al. , 2016. A Co-Opted Hormonal Cascade Activates Dormant Adventitious Root Primordia upon Flooding in Solanum Dulcamara [J]. Plant Physiology, 170 (4): 773-2015.

DELAUNOIS B, BAILLIEUL F, CLÉMENT C, et al. , 2016. Vacuum Infiltration-Centrifugation Method for Apoplastic Protein Extraction in Grapevine [J]. Methods in Molecular Biology, 1459: 249-257.

DE VLEESSCHAUWER D, XU J, HÖFTE M. 2014. Making sense of hormone-mediated defense networking: from rice to Arabidopsis [J]. Frontiers in Plant Science, 11 (5): 611.

DING S, LU Q, ZHANG Y, et al. , 2009. Enhanced sensitivity to oxidative stress in transgenic tobacco plants with decreased glutathione reductase activity leads to a decrease in ascorbate pool and ascorbate redox state [J]. Plant Molecular Biology, 69 (5): 577-592.

DINH S T, GALIS I T B A, 2013. The herbivore elicitor-regulat HERBIVORE ELICITOR-REGULATED1 Gene Enhances Abscisic Acid Levels and Defenses Against Herbivores in Nicotiana Attenuata Plants [J]. Plant Physiology, 162 (4): 2106-2124.

DUTILLEUL C, GARMIER M, NOCTOR G, et al. , 2003. Leaf mitochondria modulate whole cell redox homeostasis, set antioxidant capacity, and determine stress resistance through altered signaling and diurnal regulation [J]. Plant Cell, 15 (5): 1212-1226.

ELSTNER E F I O, 1991. Mechanisms of oxygen activation in different compartments of plant cells [J]. Current Topics in Plant Physiology, 15 (10): 342-343.

ENGLISHLOEB G, STOUT M J, DUFFEY S S, 1997. Drought Stress in Tomatoes: Changes in Plant Chemistry and Potential Nonlinear Consequences for Insect Herbivores [J]. Oikos, 79 (3): 456-468.

ERB M, KÖLLNER T G, DEGENHARDT J R, et al. , 2011. The role of abscisic acid and water stress in root herbivore-induced leaf resistance [J]. New Phytologist, 189 (1): 308-320.

FERRIS R, NIJS I, BEHAEGHE T, et al. , 1996. Elevated CO_2 and Temperature have Different Effects on Leaf Anatomy of Perennial Ryegrass in

Spring and Summer [J]. Annals of Botany, 78 (4): 489 – 497.

FILEK M, KESKINEN R C, HARTIKAINEN H, et al., 2008. The protective role of selenium in rape seedlings subjected to cadmium stress [J]. Journal of Plant Physiology, 165 (8): 833 – 844.

FISHER R A, BYERLEE D, 1990. Trends of wheat production in the warmer areas: Major issues and economic considerations [C] //SAUNDERS D A. Wheat for Nontraditional Warmer Areas. EI Batan: CIMMYT: 3 – 27.

FOOLAD M R, LIN G Y, 2001. Genetic analysis of cold tolerance during vegetative growth in tomato, Lycopersicon esculentumMill. [J]. Euphytica, 122 (1): 105 – 111.

FOOLAD M R, ZHANG L P, SUBBIAH P, 2003. Genetics of drought tolerance during seed germination in tomato: inheritance and QTL mapping [J]. Genome, 46 (4): 536 – 545.

FOREMAN J, DEMIDCKIK V, BOTHWELL J H F, et al., 2003. Reactive oxygen species produced by NADPH oxidase regulate plant cell growth [J]. Nature, 422 (6930): 442 – 446.

FOYER C H, RASOOL B, DAVEY J W, et al., 2016. Cross – tolerance to biotic and abiotic stresses in plants: a focus on resistance to aphid infestation [J]. Journal of Experimental Botany, 67 (7): 2025 – 2037.

FOYER H C, NOCTOR G, 2005. Redox Homeostasis and Antioxidant Signaling: A Metabolic Interface between Stress Perception and Physiological Responses [J]. Plant Cell, 17 (7): 1866 – 1875.

FRAGA C G, CLOWERS B H, MOORE R J, et al., 2010. Signature – discovery approach for sample matching of a nerve – agent precursor using liquid chromatography – mass spectrometry, XCMS, and chemometrics [J]. Analytical Chemistry, 82 (10): 4165 – 4173.

GANGULY M, ROYCHOUDHURY A, SARKAR S N, et al., 2011. Inducibility of three salinity/abscisic acid – regulated promoters in transgenic rice with gusA reporter gene [J]. Plant Cell Reports, 30 (9): 1617 – 1625.

GILLHAM D J, DODGE A D, 1987. Chloroplast superoxide and hydrogen peroxide scavenging systems from pea leaves: Seasonal variations [J]. Plant

Scienc, 50 (2): 105 – 109.

GOMMERS C M M, VISSER E J W, ONGE K R S, et al. , 2013. Shade tolerance: when growing tall is not an option [J]. Trends in Plant Science, 18 (2): 65 – 71.

GONZALEZ – GUZMAN M, RODRIGUEZ L, LORENZO – ORTS L, et al. , 2014. Tomato PYR/PYL/RCAR abscisic acid receptors show high expression in root, differential sensitivity to the abscisic acid agonist quinabactin, and the capability to enhance plant drought resistance [J]. Journal of Experimental Botany, 65 (15): 4451 – 4464.

GRACE S C, LOGAN B A, 1997. Acclimation of foliar antioxidant systems to growth irradiance in three broad – leaved evergreen species [J]. Plant Physiology, 112 (4): 1631 – 1640.

GRANKVISK K, MARKLUND S L, T LJEDAL I B, 1981. CuZn – superoxide dismutase, Mn – superoxide dismutase, catalase and glutathione peroxidase in pancreatic islets and other tissues in the mouse [J]. Biochemical Journal, 199 (2): 393 – 398.

GUO H, SUN Y, PENG X, et al. , 2015. Up – regulation of abscisic acid signaling pathway facilitates aphid xylem absorption and osmoregulation under drought stress [J]. Journal of Experimental Botany, 67 (3): 681 – 693.

GUTBRODT B, MODY K, DORN S, 2011. Drought changes plant chemistry and causes contrasting response in lepidopteran herbivores [J]. Oikos, 120 (11): 1732 – 1740.

HAFSI C, DEBEZ A, ABDELLY C, 2014. Potassium deficiency in plants: Effects and signaling cascades [J]. Acta Physiologiae Plantarum, 36 (5): 1055 – 1070.

HALLIWELL B, 2006. Reactive Species and Antioxidants. Redox Biology is a Fundamental Theme of Aerobic Life [J]. Plant Physiology, 141 (2): 312 – 322.

HARB A, KRISHNAN A, AMBAVARAM M M R, et al. , 2010. Molecular and Physiological Analysis of Drought Stress in Arabidopsis Reveals Early Responses Leading to Acclimation in Plant Growth [J]. Plant Physiology, 154 (3): 1254 – 1271.

HAZUBSKA - PRZYBYX T, RATAJCZAK E, KALEMBA E M, et al. , 2013. Growth regulators and guaiacol peroxidase activity during the induction phase of somatic embryogenesis in Picea species [J]. Dendrobiology, 69: 77 - 86.

HERNANDEZ M, FERNANDEZ - GARCIA N, GARCIA - GARMA J, et al. , 2012. Potassium starvation induces oxidative stress in *solanum lycopersicum* L. roots [J]. Journal of Plant Physiology, 169 (14): 1366 - 1374.

HERNÁNDEZ I, CHACÓN O, RODRIGUEZ R, et al. , 2009. Black shank resistant tobacco by silencing of glutathione S - transferase [J]. Biochemical & Biophysical Research Communications, 387 (2): 300 - 304.

HOSSAIN M A, MUNEMASA S, URAJI M, et al. , 2011. Involvement of Endogenous Abscisic Acid in Methyl Jasmonate - Induced Stomatal Closure in Arabidopsis [J]. Plant Physiology, 156 (1): 430 - 438.

HUBERTY A F, DENNO R F, 2004. Plant water stress and its consequences for herbivorous insects [J]. A New Synthesis Ecology, 85 (5): 1383 - 1398.

IRCHHAIYA R, KUMAR A, YADAV A, et al. , 2014. Metabolites in plants and its classification [J]. World Journal of Pharmacy and Pharmaceutiacl Sciences, 4 (1): 287 - 305.

IVAN J, TADEUSZ S, KAZIMIERZ S, 2015. Senescence, Stress, and Reactive Oxygen Species [J]. Plants, 4 (3): 393 - 411.

JAMET E, CANUT H, BOUDART G, et al. , 2006. Cell wall proteins: a new insight through proteomics [J]. Trends in Plant Science, 11 (1): 33 - 39.

JASSBY A D, PLATT T, 1976. Mathematical formulation of the relationship between photosynthesis and light for phytoplankton [J]. Limnology and Oceanography, 21: 540 - 547.

JIBRAN R, HUNTER D, DIJKWEL P, 2013. Hormonal regulation of leaf senescence through integration of developmental and stress signals [J]. Plant Molecular Biology, 82 (6): 547 - 561.

JIMENEZ A, 1998. Role of the ascorbate - glutathione cycle of mitochondria and peroxisomes in the senescence of pea leaves [J]. Plant Physiology, 118 (4): 1327 - 1335.

JOHN G, 1998. Oxidative Stress and the Molecular Biology of Antioxidant Defenses [J]. Quarterly Review of Biology, 73 (2): 200.

KADER J C, MAZLIAK P, 1995. Estimation of Free and Bound MDA in Plant Extracts: Comparison Between Spectrophotometric and HPLC Methods [M]. Heidelberg: Springer.

KANDOLFFKÜHL U, PAUSCHINGER M, NOUTSIAS M, et al. , 2005. High prevalence of viral genomes and multiple viral infections in the myocardium of adults with "idiopathic" left ventricular dysfunction [J]. Circulation, 111 (7): 887 – 893.

KARPINSKI S, ESCOBAR C, KARPINSKA B, et al. , 1997. Photosynthetic electron transport regulates the expression of cytosolic ascorbate peroxidase genes in arabidopsis during excess light stress [J]. Plant Cell, 9 (4): 627 – 640.

KAZAN K, 2015. Diverse roles of jasmonates and ethylene in abiotic stress tolerance [J]. Trends in Plant Science, 20 (4): 219 – 229.

KENYON J S, TURNER J G, 1992. The Stimulation of Ethylene Synthesis in Nicotiana tabacum Leaves by the Phytotoxin Coronatine [J]. Plant physiology, 100 (1): 219 – 224.

KHAN M A M, ULRICHS C, MEWIS I, 2010. Influence of water stress on the glucosinolate profile of Brassica oleracea var. italica and the performance of *Brevicoryne brassicae* and *Myzus persicae* [J]. Entomologia Experimentalis et Applicata, 137 (3): 229 – 236.

KIM J S, KIM E, KIM H, et al. , 2011. Proteomic and metabolomic analysis of H_2O_2 – induced premature senescent human mesenchymal stem cells [J]. Experimental Gerontology, 46 (6): 500 – 510.

KIM J, CHANG C, TUCKER M L, 2015. To grow old: regulatory role of ethylene and jasmonic acid in senescence [J]. Frontiers in Plant Science, 6: 20.

KLERK G J D, ARNHOLDT – SCHMITT B, LIEBEREI R, et al. , 1997. Regeneration of roots, shoots and embryos: physiological, biochemical and molecular aspects [J]. Biologia Plantarum, 39 (1): 53 – 66.

KLUGHAMMER C, SCHREIBER U, 2008. Complementary PS quantum

yields calculated from simple fluorescence parameters measured by PAM fluorometry and the saturation pulse method [J]. PAM Application Nates, 1: 27 – 35.

KNYPL J S, 1970. Complementary action of potassium and benzylaminopurine on growth, chlorophyll, protein and RNA synthesis in cucumber cotyledons [J]. Current Science, 39 (23): 534 – 535.

KRSNIK – RASOL M, 1991. Peroxidase as a developmental marker in plant tissue culture [J]. International Journal of Developmental Biology, 35 (3): 259 – 263.

KUKREJA S, NANDWAL A S, KUMAR N, et al. , 2005. Plant water status, H_2O_2 scavenging enzymes, ethylene evolution and membrane integrity of Cicer arietinumroots as affected by salinity [J]. Biologia Plantarum, 49 (2): 305 – 308.

KUMARI G J, REDDY A M, NAIK S T, et al. , 2006. Jasmonic acid induced changes in protein pattern, antioxidative enzyme activities and peroxidase isozymes in peanut seedlings [J]. Biologia Plantarum, 50 (2): 219 – 226.

LA D R, FJ C, LM S, et al. , 2002. Reactive oxygen species, antioxidant systems and nitric oxide in peroxisomes [J]. Journal of Experimental Botany, 53 (372): 1255 – 1272.

LEPP N W, 1995. Plants and the chemical elements: Biochemistry, uptake, tolerance and toxicity [J]. Environmental Pollution, 87 (3): 373.

LI S K, 1997. The methods of obtaining and expressing information of crop plant shape and population structure [J]. Journal of Shihezi University, 1 (3): 1165 – 1174.

LI Y B, HAN L, WANG H, et al. , 2016. The thioredoxin GbNRX1 plays a crucial role in homeostasis of apoplastic reactive oxygen species in response to verticillium dahliae infection in cotton [J]. Plant Physiology, 170: 2392 – 2406.

LIANG C, WANG Y, ZHU Y, et al. , 2014. OsNAP connects abscisic acid and leaf senescence by fine – tuning abscisic acid biosynthesis and directly targeting senescence – associated genes in rice [J]. Proxeedings of the National Academy of Scicences of the United States of America, 111 (27): 10013 – 10018.

LIN D, MENGSHI X, JINGJING Z, et al. , 2016. An overview of plant phenolic compounds and their importance in human nutrition and management of type 2 diabetes [J]. Molecules, 21 (10): 1374.

LOHAUS G, PENNEWISS K, SATTELMACHER B, et al., 2001. Is the infiltration‐centrifugation technique appropriate for the isolation of apoplastic fluid? A critical evaluation with different plant species [J]. Physiologia Plantarum, 111 (4): 457–465.

LORENZ W W, ALBA R, YU Y S, et al., 2011. Microarray analysis and scale‐free gene networks identify candidate regulators in drought‐stressed roots of loblolly pine (*P. taeda* L.) [J]. BMC Genmics, 12 (1): 264.

LU J, ROBERT C A M, RIEMANN M, et al., 2015. Induced Jasmonate Signaling Leads to Contrasting Effects on Root Damage and Herbivore Performance [J]. Plant Physiology, 167 (3): 1100–1116.

LUTTS S, KINET J M, BOUHARMONT J. 1996. NaCl-induced senescence in leaves of rice (*Oriza sativa* L.) cultivar differing in salinity resistance [J]. Ann Bot, 78: 389–398.

LØVDAL T, OLSEN K, SLIMESTAD R, et al., 2010. Synergetic effects of nitrogen depletion, temperature, and light on the content of phenolic compounds and gene expression in leaves of tomato [J]. Phytochemistry, 71 (5): 605–613.

MAATHUIS F J M, 2009. Physiological functions of mineral macronutrients [J]. Current Opinion in Plant Biology, 12 (3): 250–258.

MAFFEI FACINO A, 1994. Free radicals scavenging action and anti‐enzyme activities of procyanidines from vitis vinifera. A mechanism for their capillary protective action [J]. Arzneimittel‐Forschung, 44 (5): 592–601.

MARKLUND S, MIDANDER J, WESTMAN G, 1984. CuZn superoxide dismutase, Mn superoxide dismutase, catalase and glutathione peroxidase in glutathione‐deficient human fibroblasts [J]. BMC Genomics, 798 (3): 302–305.

MAZID M, KHAN T A, 2011. Mohammad F. Role of secondary metabolites in defense mechanisms of plants [J]. Biology and Medicine, 3 (2): 232–249.

MELCHIORRE M, ROBERT G, TRIPPI V, et al., 2009. Superoxide dismutase and glutathione reductase overexpression in wheat protoplast: photooxidative stress tolerance and changes in cellular redox state [J]. Plant Growth Regulation, 57 (1): 57 - 68.

MENSOR L L, BOYLAN F, LEITAO G, et al., 2001. Screening of Brazilian plant extracts for antioxidant activity by the use of DPPH free radical method [J]. Phytotherapy Research, 15 (2): 127 - 130.

MITTLER R, 2002. Oxidative Stress, Antioxidants and Stress Tolerance [J]. Trends in Plant Science, 7 (9): 405 - 410.

MITTLER R, VANDERAUWERA S, GOLLERY M, et al., 2004. Reactive oxygen gene network of plants [J]. Trends in Plant Science, 9 (10): 490 - 498.

MITTLER R, ZILINSKAS B A, 1992. Molecular cloning and characterization of a gene encoding pea cytosolic ascorbate peroxidase [J]. Journal of Biological Chemistry, 267 (30): 21802 - 21807.

MIURA K, OKAMOTO H, OKUMA E, et al. 2013. SIZ1 deficiency causes reduced stomatal aperture and enhanced drought tolerance via controlling salicylic acid-induced accumulation of reactive oxygen species in Arabidopsis [J]. PLANT JOURNAL, 73 (1): 91 - 104.

MOLLER I M, 2001. Plant mitochondria and oxidative stress: Electron transport, NADPH turnover, and metabolism of reactive oxygen species [J]. Annual Review of Plant Physiology & Plant Molecular Biology, 52 (4): 561 - 591.

MOREL P, BRAYMAN K, CHAU C, et al., 1991. Metabolic Function of Bladder - Drained Pancreas Transplants: Relationship between Exocrine and Endocrine Function [J]. Transplantation Proceedings, 23 (1): 1663 - 1666.

MUYRA K, OKAMOTO H, OKUMA E, et al., 2013. SIZ1 deficiency causes reduced stomatal aperture and enhanced drought tolerance via controlling salicylic acid - induced accumulation of reactive oxygen species in Arabidopsis [J]. Plant Journal, 73 (1): 91 - 104.

MUNSON R, BERINGER H, NOTHDURFT F, 1985. Effects of Potassium on Plant and Cellular Structures [M].

NAVROT N, ROUHIER N, GELHAYE E, et al., 2006. Reactive oxygen species generation and antioxidant systems in plant mitochondria [J]. Physiologia Plantarum, 129 (1): 185 - 195.

NEILL S, DESIKAN R, HANCOCK J, 2002. Hydrogen peroxide signalling

[J]. Current Opinion in Plant Biology, 5 (5): 388 – 395.

NGUYEN D, NUNZIO D A, TOM O G T, et al., 2016. Drought and flooding have distinct effects on herbivore – induced responses and resistance in Solanum dulcamara [J]. Plant Cell & Environment, 39 (7): 1485 – 1499.

NOCTOR G, DE PAEPE R, FOYER C H, 2007. Mitochondrial redox biology and homeostasis in plants [J]. Trends in Plant Science, 12 (3): 125 – 134.

NOCTOR G, FOYER C H, 1998. Ascorbate and glutathione: keeping active oxygen under control [J]. Annual Review of Plant Physiology & Plant Molecular Biology, 49 (1): 249 – 279.

NOCTOR C H, 1998. A re – evaluation of the ATP: NADPH budget during C3 photosynthesis: a contribution from nitrate assimilation and its associated respiratory activity? [J]. Journal of Experimental Botany, 49 (329): 1895 – 1908.

NOIR S, BOMER M, TAKAHASHI N, et al., 2013. Jasmonate controls leaf growth by repressing cell proliferation and the onset of endoreduplication while maintaining a potential stand – by mode [J]. Plant Physiology, 161 (4): 1930 – 1951.

NOUCHI I, HAYASHI K, HIRADATE S, et al., 2016. Overcoming the Difficulties in Collecting Apoplastic Fluid from Rice Leaves by the Infiltration – Centrifugation method [J]. Plant & Cell Physiology, 53 (9): 1659 – 1668.

OKANENKO A S, BERSTEIN B I, MANUIL'SKII V D, et al., 1972. Effect of deficiency of potassium, phosphorus and nitrogen on gas exchange in sugar beet leaves [J]. Fiziol Rast Mosc: 1132 – 1138.

OLIVAS N H D, COOLEN S, HUANG P P, et al., 2016. Effect of prior drought and pathogen stress on Arabidopsis transcriptome changes to caterpillar herbivory [J]. New Phytologist, 210 (4): 1344 – 1356.

OLSEN K M, HEHN A, JUGDÉ H, et al., 2010. Identification and characterisation of CYP75A31, a new flavonoid $3'5'$ – hydroxylase, isolated from Solanum lycopersicum [J]. BMC Plant Biology, 10 (1): 2 – 12.

ONKOKESUNG N, GÁLIS I, VON DAHL C C, et al., 2010. Jasmonic acid and ethylene modulate local responses to wounding and simulated herbivory in Nicotiana attenuata leaves. [J]. Plant Physiology, 153 (10): 785 – 798.

O'LEARY B M, RICO A, MCCRAW S, et al., 2014. The Infiltration – centrifugation Technique for Extraction of Apoplastic Fluid from Plant Leaves Using Phaseolus vulgaris as an Example [J]. Journal of Visualized Experiments, 55 (94): 2319 - 2331.

PARRA - LOBATO M C, FERNANDEZ - GARCIA N, OLMOS E, et al., 2009. Methyl jasmonate - induced antioxidant defence in root apoplast from sunflower seedlings [J]. Environmental & Experimental Botany, 66 (1): 9 - 17.

PASTORE D, TRONO D, LAUS M N, et al., 2007. Possible plant mitochondria involvement in cell adaptation to drought stress - A case study: Durum wheat mitochondria [J]. Journal of Experimental Botany, 58 (2): 195 - 210.

PELEG Z, BLUMWALD E, 2011. Hormone balance and abiotic stress tolerance in crop plants [J]. Current Opinion in Plant Biology, 14 (3): 290 - 295.

PENG C L, OU Z Y, LIU N, et al., 2005. Response to high temperature in flag leaves of super high - yielding rice Pei'ai 64S/E32 and liangyoupeijiu [J]. Rice Science, 12 (3): 179 - 186.

PETTIGREW W T, MEREDITH W R J, 1997. Dry matter production, nutrient uptake, and growth of cotton as affected by potassium fertilization [J]. Journal of Plant Nutrition, 20 (4): 531 - 548.

PIERIK R, TESTERINK C, 2014. The Art of Being Flexible: How to Escape from Shade, Salt, and Drought [J]. Plant Physiology, 166 (1): 5 - 22.

PIETERSE C M J, DOES D V D, ZAMIOUDIS C, et al., 2012. Hormonal Modulation of Plant Immunity [J]. Annual Review of Cell and Developmental Biology, 28 (1): 489 - 521.

PIZZIO G A, RODRIGUEZ L, ANTONI R, et al., 2013. The PYL4 A194T mutant uncovers a key role of PYR1 - LIKE4/PROTEIN PHOSPHATASE 2CA interaction for abscisic acid signaling and plant drought resistance [J]. Plant Physiology, 163 (1): 441 - 455.

QI T, WANG J, HUANG H, et al., 2015. Regulation of jasmonate - induced leaf senescence by antagonism between BHLH subgroup IIIe and IIId factors in Arabidopsis [J]. Plant Cell, 27 (6): 1634 - 1649.

QUAN L, ZHANG B, SHI W, et al., 2010. Hydrogen Peroxide in Plants: a Versatile Molecule of the Reactive Oxygen Species Network [J]. Journal of

Integrative Plant Biology, 50 (1): 4 - 20.

QUEVAL G, NOCTOR G, 2007. A plate reader method for the measurement of NAD, NADP, glutathione, and ascorbate in tissue extracts: application to redox profiling during arabidopsis rosette development [J]. Analytical Biochemistry, 363 (1): 58 - 69.

RADOTIĆ K, DUČIĆA T, MUTAVDŽIĆB D, 2000. Changes in peroxidase activity and isoenzymes in spruce needles after exposure to different concentrations of cadmium [J]. Environmental & Experimental Botany, 44 (2): 105 - 113.

RALPH P J, GADEMANN R, 2005. Rapid light curves: A powerful tool to assess photosynthetic activity [J]. Aquatic Botany, 82 (3): 222 - 237.

RAMEGOWDA V, SENTHIL - KUMAR M, 2015. The interactive effects of simultaneous biotic and abiotic stresses on plants: Mechanistic understanding from drought and pathogen combination [J]. Journal of Plant Physiology, 176 (6): 47 - 54.

RASMUSSEN S, BARAH P, SUARAZ - RODRIGUEZ M C, et al., 2013. Transcriptome Responses to Combinations of Stresses in Arabidopsis [J]. Plant Physiology, 161 (4): 1783 - 1794.

RASMUSSON A G, SOOLE K L, ELTHON T E, 2004. Alaternative NAD (P) H Dehydrogenases of Plant Mitochondria [J]. Annual Review of Cell and Developmental Biology, 55 (1): 23 - 39.

RHOADS M D, UMBACH A L, SUBBAIAH C C, et al., 2006. Mitochondrial Reactive Oxygen Species. Contribution to Oxidative Stress and Interorganellar Signaling [J]. Plant Physiology, 141 (2): 357 - 366.

RICARDO A R M, ABIGAIL P F, CHRISTELLE A M R, et al., 2013. Leaf - herbivore attack reduces carbon reserves and regrowth from the roots via jasmonate and auxin signaling [J]. New Phytologist, 200 (4): 1234 - 1246.

RICROCH A E, KUNTZ J B B A, 2011. Evaluation of Genetically Engineered Crops Using Transcriptomic, Proteomic, and Metabolomic Profiling Techniques [J]. Plant Physiology, 155 (4): 1752 - 1761.

SAKURAGAWA A, YONENO T, INOUE K, et al., 1999. Trace analysis of carbonyl compounds by liquid chromatography - mass spectrometry after collection as 2，4 - dinitrophenylhydrazine derivatives ［J］. Journal of Chromatography A，844 (1 - 2)：403 - 408.

SEYBOLD H，TREMPEL F，RANF S，et al.，2014. Ca^{2+} signalling in plant immune response：from pattern recognition receptors to Ca^{2+} decoding mechanisms ［J］. New Phytologist，204 (4)：782 - 790.

SHARMA O P，BHAT T K，2009. DPPH antioxidant assay revisited ［J］. Food Chemistry，113 (4)：1202 - 1205.

SHARP R E，LENOBLE M E，2002. ABA ethylene and the control of shoot and root growth under water stress ［J］. Journal of Experimental Botany，53 (366)：33 - 37.

SHARP R E，BOHNERT H J，SPRINGER G K，et al.，2004. Root growth maintenance during water deficits：physiology to functional genomics ［J］. Journal of Experimental Botany，55 (407)：2343 - 2351.

SHENTON M R，BERBERICH T，KAMO M，et al.，2012. Use of intercellular washing fluid to investigate the secreted proteome of the rice - Magnaportheinteraction ［J］. Journal of Plant Research，125 (2)：311 - 316.

SHI Q M，LI C J，ZHANG F S，2006. Nicotine synthesis in *Nicotiana tabacum* L. induced by mechanical wounding is regulated by auxin ［J］. Journal of Experimental Botany，57 (11)：2899 - 2907.

SHIN R，BERG R H，SCHACHTMAN D P，2005. Reactive Oxygen Species and Root Hairs in Arabidopsis Root Response to Nitrogen，Phosphorus and Potassium Deficiency ［J］. Plant & Cell Physiology，46 (8)：1350 - 1357.

SHIN R，SCHACHTMAN D P，2004. Hydrogen peroxide mediates plant root cell response to nutrient deprivation ［J］. Proceedings of the National Academy of Science，101 (23)：8827 - 8832.

SIMONOVICOVA M，TAMAS L，HUTTOVA J，et al.，2004. Effect of Aluminium on Oxidative Stress Related Enzymes Activities in Barley Roots ［J］. Biologia Plantarum，48 (2)：261 - 266.

SINGH B N，SINGH A，SINGH S P，et al.，2011. Trichoderma harzianum - mediated reprogramming of oxidative stress response in root apoplast of sunflower enhances defence against Rhizoctonia solani ［J］. European Journal of Plant Pathology，131 (1)：121 - 134.

SKIRYCZ A, INZÉ D, 2010. More from less: plant growth under limited water [J]. Current Opinion in Biotechnology, 21 (2): 197 - 203.

SOHAL R S, AGARWAL S, DUBEY A, et al. , 1993. Protein Oxidative Damage is Associated with Life Expectancy of Houseflies [J]. Proceedings of the National Academy of Scicences of the United States of America, 90 (15): 7255 - 7259.

STASOLLA C, YEUNG E C, 2007. Cellular ascorbic acid regulates the activity of major peroxidases in the apical poles of germinating white spruce (Picea glauca) somatic embryos [J]. Plant Physiology & Biochemistry, 45 (3 - 4): 188 - 198.

SULTAN S E, 2000. Phenotypic plasticity for plant development, function and life history [J]. Trends in Plant Science, 5 (12): 537 - 542.

SUMITHRA K, JUTUR P P, CARMEL B D, et al. , 2006. Salinity - induced changes in two cultivars of vigna radiata: responses of antioxidative and proline metabolism [J]. Plant Growth Regulation, 50 (1): 11 - 22.

SUZUKI N, RIVERO R M, SHULAEV V, et al. , 2014. Abiotic and biotic stress combinations [J]. New Phytologist, 203 (1): 32 - 43.

SWEETLOVE L J, FOYER C H, 2004 Roles for Reactive Oxygen Species and Antioxidants in Plant Mitochondria [M] //Plant Mitochondria: From Genome to Function. Heidelberg: Springer.

TALUKDAR D, 2013. Arsenic exposure modifies Fusarium wilt tolerance in grass pea (Lathyrus sativus L.) genotypes through modulation of antioxidant defense response [J]. Journal of Plant Science & Molecular Breeding, 2 (4): 1 - 12.

TALWALKAR A, KAILASAPATHY K, HOURIGAN J, et al. , 2003. An improved method for the determination of NADH oxidase in the presence of NADH peroxidase in lactic acid bacteria [J]. Journal of Microbiological Methods, 52 (3): 333 - 339.

TANJI K K, 1990. Agricultural salinity assessment and management [J]. New York: American Society of Civil Engineers.

TANOU G, MOLASSIOTIS A, DIAMANTIDIS G, 2009. Hydrogen peroxide - and nitric oxide - induced systemic antioxidant prime - like activity under NaCl -

stress and stress – free conditions in citrus plants [J]. Journal of Plant Physiology, 166 (17): 1904 – 1913.

TAPPEL A L, 1973. Lipid peroxidation damage to cell components [J]. Federation Proceedings, 32 (8): 1870 – 1874.

TARIQ M, WRIGHT D J, BRUCE T J A, et al. , 2013. Drought and Root Herbivory Interact to Alter the Response of Above – Ground Parasitoids to Aphid Infested Plants and Associated Plant Volatile Signals [J]. PLoS ONE, 8 (7): e69013.

TAŞGIN E, ATICI O, BARBAROS N, et al. , 2006. Effects of salicylic acid and cold treatments on protein levels and on the activities of antioxidant enzymes in the apoplast of winter wheat leaves [J]. Phytochemistry, 67 (7): 710 – 715.

KENYON J S, TURNER G J, 1992. The Stimulation of Ethylene Synthesis in Nicotiana tabacum Leaves by the Phytotoxin Coronatine [J]. Plant Physiology, 100 (1): 219 – 224.

TUTEJA N, 2007. Mechanisms of high salinity tolerance in plants [J]. Methods Enzymol, 428: 419 – 438.

TYAGI S V A K, 2010. Emerging trends in the functional genomics of the abiotic stress response in crop plants [J]. Plant Biotechnology Journal, 5 (3): 361 – 380.

VALERIA D, SIMON W J, MARCELLO D, et al. , 2005. Changes in the tobacco leaf apoplast proteome in response to salt stress [J]. Proteomics, 5 (3): 737 – 745.

VALLADARES F, WRIGHT S J, LASSO E, et al. , 2000. Plastic phenotypic response to light of 16 congeneric shrubs from a panamanian rainforest [J]. Ecology, 81 (7): 1925 – 1936.

VAN DAM N M, BALDWIN I T, 2001. Competition mediates costs of jasmonate – induced defences, nitrogen acquisition and transgenerational plasticity in Nicotiana attenuata [J]. Functional Ecology, 15 (3): 406 – 415.

VAN VEEN H, MUSTROPH A, BARDING G A, et al. , 2013. Two Rumex Species from Contrasting Hydrological Niches Regulate Flooding Tolerance through Distinct Mechanisms [J]. Plant Cell, 25 (11): 4691 – 4707.

VANHALA T K, VAN RIJN C P E, BUNTJER J, et al. , 2004. Environmental, phenotypic and genetic variation of wild barley (*Hordeum spontaneum*) from Israel [J]. Euphytica, 137 (3): 297 - 309.

VELJOVIC - JOVANOVIC S D, PIGNOCCHI C, NOCTOR G, et al. , 2001. Low Ascorbic Acid in the vtc - 1 Mutant of Arabidopsis Is Associated with Decreased Growth and Intracellular Redistribution of the Antioxidant System [J]. Plant Physiology, 127 (2): 426 - 435.

VIERSTRA R D, JOHN T R, POFF K L, 1982. Kaempferol 3 - O - Galactoside, 7 - O - Rhamnoside is the major green fluorescing compound in the epidermis of vicia faba [J]. Plant Physiology, 69 (2): 522 - 525.

VILLAÑO D, FERNÁNDEZ-PACHÓN M S, MOYÁ M L, et al. , 2007. Radical scavenging ability of polyphenolic compounds towards DPPH free radical [J]. Talanta, 71 (1): 230 - 235.

VOESENEK L A C J, BAILEY - SERRES J, 2015. Flood adaptive traits and processes: an overview [J]. New Phytologist, 206 (1): 57 - 73.

VOOTHULURU P, SHARP R E, 2013. Apoplastic hydrogen peroxide in the growth zone of the maize primary root under water stress. I. Increased levels are specific to the apical region of growth maintenance [J]. Journal of Experimental Botany, 64 (5): 1223 - 1233.

VOS I A, PIETERSE C M J, WEES S C M V, 2013. Costs and benefits of hormone - regulated plant defences [J]. Plant Pathology, 62 (S1): 43 - 55.

WAN X Y, LIU J Y, 2008. Comparative Proteomics Analysis Reveals an Intimate Protein Network Provoked by Hydrogen Peroxide Stress in Rice Seedling Leaves [J]. Molecular & Cellular Proteomics, 7 (8): 1469 - 1488.

WANG B, LI Z, ENEJI E, et al. , 2008. Effects of coronatine on growth, gas exchange traits, chlorophyll content, antioxidant enzymes and lipid peroxidation in Maize seedlings under simulated drought stress [J]. Plant Production Science, 11 (3): 283 - 290.

WANG H H, TAN X Z, PENG X X, et al. , 2010. The Role of Apoplastic Hydrogen Peroxide and Lignin Accumulation in the Systemic Resistance of Rice to Bacterial Blight Induced by Nickel [J]. Scientia Agricultura Sinica, 43 (5): 949 - 956.

WANG N, HUA H, ENEJI A E, et al. , 2012. Genotypic variations in photosynthetic and physiological adjustment to potassium deficiency in cotton (*Gossypium hirsutum*) [J]. Journal of Photochemistry & Photobiology B Biology, 110 (9): 1 - 8.

WANG R, WENWEN H, LIANG C, et al. , 2011. Anatomical and Physiological Plasticity in Leymus chinensis (Poaceae) along Large - Scale Longitudinal Gradient in Northeast China [J]. PLoS One, 6 (11): e26209.

WANG X, 2006. Effects of potaaaium deficiency on photosynthetic function of different of different soybean genotypes [J]. Soybean Science, 25 (2): 133 - 136.

WANG Z L, MAMBELLI S, SETTER T L, 2002. Abscisic acid catabolism in maize kernels in response to water deficit at early endosperm development [J]. Annals of Botany, 90 (5): 623 - 630.

WEIHAI Y, 2008. NAD$^+$/NADH and NADP$^+$/NADPH in Cellular Functions and Cell Death: Regulation and Biological Consequences [J]. Antioxidants & Redox Signaling, 10 (2): 179 - 206.

WELDEGERGIS B T, ZHU F, POELMAN E H, et al. , 2015. Drought stress affects plant metabolites and herbivore preference but not host location by its parasitoids [J]. Oecologia, 177 (3): 701 - 713.

WESTOBY M, WRIGHT I J, 2006. Land - plant ecology on the basis of functional traits [J]. Trends in Ecdogy & Evolution, 21 (5): 261 - 268.

WILLICK I R, TAKAHASHI D, FOWLER D B, et al. , 2018. Tissue - specific changes in apoplastic proteins and cell wall structure during cold acclimation of winter wheat crowns [J]. Journal of Experimental Botany, 69 (5): 1221 - 1234.

WINKEL - SHIRLEY B, 2002. Biosynthesis of Flavonoids and Effects of Stress [J]. Current Opinion in Plant Biology, 5 (3): 218 - 223.

WITZEL K, SHAHZAD M, MATROS A, et al. , 2011. Comparative evaluation of extraction methods for apoplastic proteins from maize leaves [J]. Plant Methods, 7 (1): 48 - 59.

WOJTCZAK L Z H, 2008. Adaptation of Arabidopsis to nitrogen limitation involves induction of anthocyanin synthesis which is controlled by the NLA gene [J]. Journal of Experimental Botany, 59 (11): 2933 - 2944.

WRIGHT I J, REICH P B, WESTOBY M, et al., 2004. The worldwide leaf economics spectrum [J]. nature, 428 (6985): 821.

XIANG C, WERNER B L, CHRISTENSEN E M, et al., 2001. The biological functions of glutathione revisited in arabidopsis transgenic plants with altered glutathione levels [J]. Plant Physiology, 126 (2): 564-574.

XIE Z, DUAN L S, TIAN X L, et al., 2008. Coronatine alleviates salinity stress in cotton by improving the antioxidative defense system and radical-scavenging activity [J]. Journal of Plant Physiology, 165 (4): 375-384.

YAN L J, SOHAL R S, 1998. Gel Electrophoretic Quantitation of Protein Carbonyls Derivatized with Tritiated Sodium Borohydride [J]. Analytical Biochemistry, 265 (1): 176-182.

YANG D L, YAO J, MEI C S, et al., 2012. Plant hormone jasmonate prioritizes defense over growth by interfering with gibberellin signaling cascade [J]. Proxeedings of the National Academy of Scicences of the United States of America, 109 (19): 1192-1200.

YANG Y, HAN C, LIU Q, et al., 2008. Effect of drought and low light on growth and enzymatic antioxidant system ofPiceaasperataseedlings [J]. Acta Physiologiae Plantarum, 30 (4): 433-440.

YIN C C, MA B, COLLINGE D P, et al., 2015. Ethylene Responses in Rice Roots and Coleoptiles Are Differentially Regulated by a Carotenoid Isomerase-Mediated Abscisic Acid Pathway [J]. Plant Cell, 27 (4): 1061-1081.

YU Q, TANG C, CHEN Z, et al., 1999. Extraction of apoplastic sap from plant roots by centrifugation [J]. New Phytologist, 142 (2): 299-304.

ZANG X, KOMATSU S, 2007. A proteomics approach for identifying osmotic-stress-related proteins in rice [J]. Phytochemistry, 68 (4): 426-437.

ZHANG Z Y, YANG F Q, BO L, et al., 2009. Coronatine-i nduced lateral-root formation in cotton (*Gossypium hirsutum*) seedlings under potassium-sufficient and -deficient conditions in relation to auxin [J]. Journal of Plant Nutrition and Soil Science, 172 (3): 435-444.

ZHANG Z, CHAO M, WANG S, et al., 2016. Proteome quantification of cotton xylem sap suggests the mechanisms of potassium-deficiency-induced changes in plant resistance to environmental stresses [J]. Scientific Reports,

6 (1): 21060.

ZHANG Z, XIN Z, ZEBING H, et al., 2015. Lack of K - Dependent Oxidative Stress in Cotton Roots Following Coronatine - Induced ROS Accumulation [J]. PLoS One, 10 (5): e126476.

ZHAO D L, OOSTERHUIS D M, BEDNARZ C W, 2001. Influence of potassium deficiency on photosynthesis, chlorophyll content, and chloroplast ultrastructure of cotton plants [J]. Photosynthetica, 39 (1): 103 - 109.

ZHOU L, BOKHARI S A, DONG C J, et al., 2011. Comparative Proteomics Analysis of the Root Apoplasts of Rice Seedlings in Response to Hydrogen Peroxide [J]. Plos One, 6 (2): e16723.

ZHU J K, 2002. Salt and Drought Stress Signal Transduction in Plants [J]. Annual Review of Plant Biology, 53 (1): 247 - 273.

ZHU J, ALVAREZ S, MARSH E L, et al., 2007. Cell wall proteome in the maize primary root elongation zone. II. Region - Specific changes in water soluble and lightly ionically bound proteins under water deficit [J]. Plant Physiology, 145 (4): 1533 - 1548.

ZHU J, CHEN S, ALVAREZ S, et al., 2006. Cell wall proteome in the maize primary root elongation zone. I. extraction and identification of water - soluble and lightly ionically bound proteins [J]. Plant Physiology, 140 (1): 311 - 325.

附表 1 **LK** (0.05mmol·L⁻¹ KCl)/**HK** (2.5mmol·L⁻¹ KCl), 棉花根系 AWF 中显著差异代谢物

物质类别	物质编号	物质名称	VIP值	差异倍数	差异类型
氨基酸	pme0195	L-半胱氨酸	1.33	7.41	上调
	pme0011	L-天冬氨酸	1.04	0.30	下调
	pme0013	L-谷氨酸	1.41	0.11	下调
	pme0022	L-（-）-苏氨酸	1.03	0.31	下调
	pme0226	L-天冬酰胺	1.1	0.26	下调
	pme1408	L-谷氨酰胺	1.23	0.18	下调
	pme1987	L-丙氨酸	1.13	0.23	下调
	pme2054	L-色氨酸	1.91	0.02	下调
氨基酸衍生物	pme0120	5-氨基戊酸	1.15	5.34	上调
	pme1419	L-甲硫氨酸甲酯	1.08	3.89	上调
	pme3030	N-乙酰半胱氨酸	2.88	1.1×10^{4}	上调
	pmb2591	乙酰色氨酸	3.27	6.0×10^{-6}	下调
	pmb2855	L-谷氨酰胺-O-己糖苷	1	0.31	下调
	pme0066	乙酸肌	1.85	0.14	下调

（续）

物质类别	物质编号	物质名称	VIP值	差异倍数	差异类型
氨基酸衍生物	pme0118	吡咯-2-羧酸	1.54	0.07	下调
	pme0164	N-γ-乙酰基-N-2-甲酰基-5-甲基犬尿氨酸	1.91	0.03	下调
	pme1086	谷胱甘肽还原型	1.04	0.3	下调
	pme1228	5-羟基色氨酸	1.16	0.22	下调
	pme1313	N'-甲酰基犬尿氨酸	1.29	0.16	下调
	pme2617	甲硫氨酸亚砜	1.63	0.15	下调
	pme2698	L-苯丙氨酸-L-苯丙氨酸	1.13	0.23	下调
	pme3388	高精氨酸	1.11	0.25	下调
有机酸及其衍生物	pme0239	2-呋喃甲酸	1.13	4.29	上调
	pme1292	尿黑酸	3.22	1.2×10^5	上调
	pme2050	柠檬酸	1.01	3.18	上调
	pmb2657	精氨琥珀酸盐	1.07	0.27	下调
	pme2380	α-酮戊二酸	1.22	0.19	下调
	pme2550	顺式乌头酸	1.13	0.49	下调
	pme2601	3-羟基丙酸	1.02	0.30	下调
	pme3719	木糖酸	1.49	0.08	下调

附表1 LK (0.05mmol·L⁻¹ KCl)/HK (2.5mmol·L⁻¹ KCl)，棉花根系 AWF 中显著差异代谢物

（续）

物质类别	物质编号	物质名称	VIP值	差异倍数	差异类型
核苷酸及其衍生物	pmb0532	5′-肌苷酸	2.25	0.06	下调
	pmb2684	腺苷-3′-5′-环单磷酸	2.01	0.01	下调
	pmd0 023	腺苷	1.72	0.04	下调
	pme1097	腺嘌呤	1.35	0.12	下调
	pme1181	2′-脱氧鸟苷	3.63	$3.7×10^{-7}$	下调
	pme1294	黄苷	1.3	0.15	下调
	pme2278	鸟苷单磷酸	1.18	0.18	下调
	pme2555	腺苷-5′-单磷酸	1.28	0.15	下调
	pme2746	黄素腺嘌呤二核苷酸	2.06	0.04	下调
	pme2776	2-脱氧肌苷	3.68	$2.5×10^{-7}$	下调
	pme3200	1-甲基肌	1.12	0.24	下调
	pme3835	鸟苷-3′,5′-环一磷酸	1.74	0.03	下调
	pme3961	2-脱氧腺苷	2.68	$8.2×10^{-4}$	下调
	pme3968	7-甲基鸟嘌呤	1.21	0.36	下调
维生素类	pme1709	烟酸甲酯	2.88	$1.1×10^{4}$	上调
	pme1303	5-磷酸吡哆醇	1.35	0.22	下调
	pme1952	核黄素	1.15	0.21	下调
	pme2111	抗坏血酸	1.23	0.18	下调
	pme0496	烟酸	1.05	0.28	下调

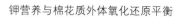

（续）

物质类别	物质编号	物质名称	VIP值	差异倍数	差异类型
胆碱类	pma6270	sn-甘油-3-磷酸胆碱	1.04	3.53	上调
	pme1691	乙酰胆碱	1.06	3.67	上调
	pmb0242	芥子酰胆碱	1.44	0.10	下调
	pmb1754	O-磷酸胆碱	1.58	0.06	下调
糖类	pma0134	D-（-）-苏阿糖	1.24	5.77	上调
	pmb2507	2-脱氧核糖-1-磷酸	1.15	0.23	下调
	pme0534	葡萄糖酸	1.24	0.18	下调
	pme2019	DL-阿拉伯糖	1.08	0.27	下调
脂质-脂肪酸	pmb1574	十八碳二烯-6-炔酸	2.94	2.4×10^4	上调
	pma0461	14，15-脱氢还阳参油酸	2.28	0.04	下调
	pmb0885	4-氧代-十八碳四烯酸	1.82	0.32	下调
	pmb2636	8，15-二羟基二十碳四烯酸	1.14	0.23	下调
	pmb2786	9-羟基十八碳三烯酸	1.3	0.02	下调
	pmb2804	13-过氧十八碳二烯酸	1.34	0.07	下调
脂质-甘油酯	pmb0287	单酰甘油酯（酰基18：4）异构2	2.73	4.3×10^3	上调

附表1 LK (0.05mmol·L⁻¹ KCl)/HK (2.5mmol·L⁻¹ KCl)，棉花根系 AWF 中显著差异代谢物

（续）

物质类别	物质编号	物质名称	VIP值	差异倍数	差异类型
酚类-类黄酮类-黄酮	pma6499	橡黄素-O-己糖苷	1.06	3.55	上调
	pmb2954	矢车菊素-O-己糖基-O-己糖基-O-己糖苷	1.61	4.11	上调
	pme1611	异柚葡萄糖苷	1.1	$3.1×10^3$	上调
	pme1662	樱花素	2.75	$4.9×10^3$	上调
	pme3303	五羟黄酮	1.58	7.88	上调
	pmb0622	C-己糖基木犀草素-O-己糖苷	1.86	$2.5×10^3$	上调
	pme1624	异牧荆素	1.89	3.58	上调
	pma0249	羟甲基黄酮-5-O-己糖苷	2.22	0.06	下调
	pma0760	羟甲基黄酮-O-丙二酰己糖苷	2.88	$9.1×10^{-5}$	下调
	pmb0569	丁香亭-5-O-己糖苷	2.74	$2.2×10^{-4}$	下调
	pme0088	木犀草素	1.6	0.06	下调
	pme0324	白杨素	1.08	0.27	下调
	pmb3049	麦黄酮-4'-O-丁香醇醚7-O-己糖苷	1.23	0.27	下调
酚类-类黄酮类-黄酮烷酮	pmb0686	圣草酚-O-丙二酰己糖苷	1.29	6.51	上调
	pme2979	乔松素	1.47	6.73	上调
酚类-类黄酮类-黄酮醇	pmb0565	丁香亭-O-己糖苷	1.03	3.4	上调
	pmb0595	异鼠李素-5-O-己糖苷	2.02	$1.1×10^4$	上调
	pme1551	杨梅苷	1.93	$4.7×10^3$	上调

（续）

物质类别	物质编号	物质名称	VIP值	差异倍数	差异类型
酚类-类黄酮类-黄烷醇-儿茶素及其衍生物	pme2478	原儿茶醛	1.5	6.82	上调
酚类-类黄酮类-花青素	pme3391	牵牛花色素-3-O-葡萄糖	1.17	4.64	上调
	pma1590	芍药花青素-O-己糖苷	1.02	0.28	下调
酚类-类黄酮类-异黄酮	pme1568	奥洛波尔	1.57	0.06	下调
	pme3208	黄豆黄苷	2.3	0.03	下调
酚类-简单酚类-羟基肉桂酰衍生物	pme6561	咖啡酰-O-葡萄糖苷	1.63	11.44	上调
	pmb0475	没食子酸-O-阿魏酰己糖苷-O-己糖苷	1.14	4.34	上调
	pmb2620	3,4-二甲氧基肉桂酸	1.23	5.59	上调
	pme0306	阿魏酸	1.32	2.72	上调
	pme0408	丁香酸	1.39	8.64	上调
	pme1646	松脂醇	1.01	708.07	上调
	pme3245	美迪紫檀素	1.26	6.05	上调
	pme3246	松柏苷	1.94	31.8	上调
	pme3456	香豆醛	2.11	5.01	上调
	pme0300	肉桂酸	1.01	0.31	下调
酚类-简单酚类-香豆素及其衍生物	pme2996	4-羟基香豆素	1.04	3.54	上调
	pme3553	朴骨脂素	3.1	5.1×10^4	上调
	pmb0235	阿魏酰香豆素	2.96	5.1×10^{-5}	下调
	pme3428	秦皮甲素	1.2	0.19	下调

附表1 LK (0.05mmol·L⁻¹ KCl)/HK (2.5mmol·L⁻¹ KCl)，棉花根系 AWF 中显著差异代谢物

（续）

物质类别	物质编号	物质名称	VIP 值	差异倍数	差异类型
酚类-简单酚类-奎宁酸及其衍生物	pmb3066	5－O－对香豆酰莽草酸－O－己糖苷	2.67	3.3×10^{-4}	下调
酚类-简单酚类-苯甲酸衍生物	pme0309	没食子酸甲酯	2.68	3.2×10^{3}	上调
	pme3198	2,4－二羟基苯甲酸	1.19	4.87	上调
	pme1724	苯甲酸甲酯	1.24	0.41	下调
生物碱-喹啉类	pmb2849	喜树碱	2.9	1.2×10^{4}	上调
	pmb0785	异喹啉	2.86	1.0×10^{-4}	下调
生物碱-季胺类	pme1828	甜菜碱	1.02	3.31	上调
生物碱-吲哚及其衍生物	pme0543	吲哚－5－甲酸	1.07	3.85	上调
	pme2720	吲哚－3－甲醛	1.02	3.3	上调
	pme2836	5－羟基吲哚－3－乙醇	1.52	5.15	上调
	pmb0818	甲氧基吲哚乙酸	2.06	0.01	下调
	pmb1096	吲哚	1.53	0.07	下调
	pme2244	吲哚－3－丙酸	2.81	1.4×10^{-4}	下调
生物碱-色胺及其衍生物	pmb0774	羟基色胺	2.85	1.0×10^{-4}	下调
	pme1417	色胺	2.92	7.0×10^{-5}	下调
	pme2024	五羟色胺	2.83	1.3×10^{-4}	下调
	pme2786	N－乙酰基五羟色胺	3.24	7.6×10^{-6}	下调

（续）

物质类别	物质编号	物质名称	VIP值	差异倍数	差异类型
酚胺	pmb0488	亚精胺	1.02	3.25	上调
	pmb0501	胍丁胺	1.21	5.16	上调
	pmb0771	阿魏酰酪胺	1.88	$3.6×10^3$	上调
	pme2292	腐胺	1.18	4.81	上调
	pme2693	N-乙酰丁二胺	1.21	5.16	上调
	pma1839	芥子酰腐胺	2.85	$1.1×10^{-4}$	下调
	pmb0493	N'-对香豆酸基胍丁胺	2.98	$4.6×10^{-5}$	下调
其他	pme1299	3,4-二羟基杏仁酸	2.8	$7.2×10^3$	上调
	pme3381	3-羟基乙酸苯酯	1.16	4.7	上调
	pmb0374	乙酰苯胺	1.94	0.01	下调
	pme0412	莨菪苦素	2.76	$1.9×10^{-4}$	下调
	pme2830	邻磷酰乙醇胺	1.17	0.21	下调

注：VIP值为变量重要性投影，VIP值大于等于1表示差异显著；小于0.01和大于1000的数字采用科学计数法表示。

附表 2 **LKCOR** (0.05mmol·L⁻¹ KCl+10nmol·L⁻¹ COR)/**HK** (2.5mmol·L⁻¹ KCl),
棉花根系 **AWF** 中显著差异代谢物

物质类别	物质编号	物质名称	VIP值	差异倍数	差异类型
氨基酸	pme0195	L-半胱氨酸	1.18	6.34	上调
	pme0007	L-瓜氨酸	1.29	0.21	下调
	pme0009	L-丝氨酸	1.35	0.09	下调
	pme0011	L-天冬氨酸	1.25	0.13	下调
	pme0013	L-酪氨酸	1.35	0.09	下调
	pme0016	L-(-)-胱氨酸	1.11	0.19	下调
	pme0022	L-(-)-苏氨酸	1.25	0.13	下调
	pme0037	L-组氨酸	1.09	0.20	下调
	pme0043	L-(+)-精氨酸	1.12	0.19	下调
	pme0226	L-天冬酰胺	1.46	0.06	下调
	pme1210	L-甲硫氨酸	1.04	0.24	下调
	pme1408	L-谷氨酰胺	1.42	0.07	下调
	pme1987	L-丙氨酸	1.28	0.12	下调

（续）

物质类别	物质编号	物质名称	VIP值	差异倍数	差异类型
氨基酸衍生物	pme3030	N-乙酰半胱氨酸	2.5	4.4×10^3	上调
	pmb2857	L-谷氨酸-O-己糖苷	1.3	0.22	下调
	pmb3264	氧化谷胱甘肽	1.17	0.16	下调
	pme0118	吡咯-2-羧酸	1.02	0.25	下调
	pme0170	N-α-乙酰-L-精氨酸	1.17	0.16	下调
	pme0173	丙甘氨酸	1.06	0.22	下调
	pme1005	3-氯-L-酪氨酸	1.7	0.14	下调
	pme1239	S-甲基谷胱甘肽	1.9	0.09	下调
	pme1419	L-甲硫氨酸甲酯	2.61	1.0×10^{-4}	下调
	pme2617	甲硫氨酸亚砜	3.05	4.3×10^{-6}	下调
	pme2698	L-苯丙氨酸-L-苯丙氨酸	1.12	0.18	下调
	pme3179	半胱氨酰甘氨酸	1.32	0.19	下调
	pme3388	高精氨酸	2.95	9.4×10^{-6}	下调
有机酸及其衍生物	pme0049	2-氨基乙烷亚磺酸	2.06	28.16	上调
	pme0085	迷迭香酸	1.03	4.21	上调
	pme0293	3,4-二甲氧基苯乙酸	1.08	4.74	上调
	pme1292	尿黑酸	2.1	1.6×10^5	上调
	pme0237	3,4-二羟基苯甲酸乙酯（安息香酸）	1.14	0.42	下调

附表2 LKCOR (0.05mmol·L⁻¹ KCl+10nmol·L⁻¹ COR)/HK (2.5mmol·L⁻¹ KCl)，棉花根系 AWF 中显著差异代谢物

（续）

物质类别	物质编号	物质名称	VIP值	差异倍数	差异类型
有机酸及其衍生物	pme2021	DL-甘油酸	1.7	0.47	下调
	pme2169	延胡索酸	3.07	4.3×10^{-6}	下调
	pme2380	α-酮戊二酸	1.42	0.07	下调
	pme2884	胱基牛磺酸	1.26	0.26	下调
	pme2923	乙酰氧基乙酸	1.45	0.12	下调
	pme3009	反式乌头酸	1.22	0.14	下调
	pme3719	木糖酸	1.39	0.08	下调
核苷酸及其衍生物	pmb0964	异戊烯基-7-葡萄糖苷	2.56	151.85	上调
	pmb0532	5'-肌苷酸	1.5	0.10	下调
	pmb0998	鸟苷-5'-单磷酸	1.08	0.17	下调
	pmb2684	腺苷-3'-5'-环单磷酸	1.46	0.06	下调
	pmb2948	腺苷-3'-单磷酸	1.51	0.08	下调
	pmc0066	2'-脱氧肌苷-5'-磷酸	1.25	0.21	下调
	pmd0 023	腺苷	1.59	0.03	下调
	pme0165	1-甲基黄嘌呤	1.07	0.41	下调
	pme1181	2'-脱氧鸟苷	1.4	0.09	下调
	pme1266	3-甲基黄嘌呤	1.78	0.23	下调
	pme1376	2'-脱氧胞苷-5'-单磷酸	2.6	1.0×10^{-4}	下调

（续）

物质类别	物质编号	物质名称	VIP值	差异倍数	差异类型
核苷酸及其衍生物	pme2278	鸟苷单磷酸	1.14	0.15	下调
	pme2555	腺苷-5′-单磷酸	1.31	0.10	下调
	pme2746	黄素腺嘌呤二核苷酸	2.37	$5.0×10^{-4}$	下调
	pme2776	2-脱氧肌苷	3.38	$2.5×10^{-7}$	下调
	pme2801	7-甲基黄嘌呤	1.14	0.40	下调
	pme3151	2-脱氧核糖-5-磷酸钠	1.05	0.23	下调
	pme3174	胞苷-5-单磷酸	1.05	0.21	下调
	pme3188	5-尿嘧啶核苷酸（5-UMP）	1.11	0.18	下调
	pme3200	1-甲基肌	1.61	0.09	下调
	pme3835	鸟苷-3′,5′-环-磷酸	1.23	0.12	下调
	pme3961	2-脱氧腺苷	2.25	$1.2×10^{-3}$	下调
	pme3982	阿糖肌苷	1.26	0.12	下调
维生素类	pmb0790	吡哆醇-O-己糖苷	1.18	6.59	上调
	pmb0801	吡哆醇-O-己糖苷	1.22	7.46	上调
	pme1709	烟酸甲酯	1.71	$2.6×10^{3}$	上调
	pme2111	抗坏血酸	1.1	0.20	下调
	pma6270	sn-甘油-3-磷酸胆碱	1.01	0.26	下调
胆碱类	pmb0242	芥子酰胆碱	1.56	0.09	下调
	pmb1754	O-磷酸胆碱	1.21	0.14	下调

附表2 LKCOR (0.05mmol·L⁻¹ KCl+10nmol·L⁻¹ COR)/HK (2.5mmol·L⁻¹ KCl)，棉花根系 AWF 中显著差异代谢物

(续)

物质类别	物质编号	物质名称	VIP值	差异倍数	差异类型
糖类	pmb2685	2-脱氧核糖-5′-磷酸	1.09	5.50	上调
	pmb2507	2-脱氧核糖-1-磷酸	3.08	3.2×10^{-6}	下调
	pme0534	葡萄糖酸	1.23	0.13	下调
	pme3705	葡萄糖醛酸	1.19	0.15	下调
	pme2253	古洛糖酸内酯	1.16	0.44	下调
	pme2435	L-岩藻糖	1.07	0.21	下调
糖类-醇类利多元醇	pme1944	D-甘露醇	1.02	4.69	上调
	pme2529	1,5-酐-D-山梨糖醇	1.23	0.13	下调
脂质-脂肪酸	pmb1574	十八碳二烯-6-块酸	2.74	3.50×10^{4}	上调
	pma0461	14,15-脱氢还阳参油酸	1.21	0.30	下调
	pmb2786	9-羟基十八碳三烯酸	1.78	2.0×10^{-4}	下调
	pmb2804	13-过氧十八碳二烯酸	1.36	0.05	下调
脂质-甘油磷脂	pmb2406	溶血磷脂酰胆碱 17：0	1.45	0.32	下调
酚类-黄酮类黄酮类-黄酮	pma0795	五羟黄酮-O-丙二酰己糖苷	1.02	4.07	上调
	pma6199	檬黄素-O-己糖苷	1.18	6.55	上调
	pmb3000	金圣草黄素-O-乙酰基己糖苷	1.46	9.44	上调
	pmb3041	麦黄酮-O-葡萄糖二酸	1.04	4.24	上调
	pme0088	木犀草素	1.03	4.08	上调

（续）

物质类别	物质编号	物质名称	VIP值	差异倍数	差异类型
酚类-类黄酮类-黄酮	pme1611	异柚葡萄苷	2.8	3.5×10^4	上调
	pmb0622	C-己糖基木犀草素-O-己糖苷	2.56	6.1×10^3	上调
	pmb3023	圣草酚-C-己糖	1.24	8.02	上调
	pme1624	异牧荆素	1.92	8.50	上调
	pmb3049	麦黄酮-4'-O-丁香醇醚-7-O-己糖苷	2.3	9.0×10^{-4}	下调
酚类-类黄酮类-黄烷酮	pmma0791	柚皮素-O-丙二酰己糖苷	1.44	8.22	上调
	pme2979	乔松素	1.13	3.36	上调
	pme2984	枸橘苷	1.77	4.6×10^3	上调
	pme3282	阿福豆素	1.99	0.20	下调
酚类-类黄酮类-黄酮醇	pmb0565	丁香亭-O-己糖苷	1.19	6.74	上调
	pmb0595	异鼠李素-5-O-己糖苷	1.08	1.1×10^4	上调
	pme1551	杨梅苷	2.75	2.3×10^4	上调
	pme2963	二氢山柰酚	1.32	5.82	上调
	pme0199	槲皮酚	2.56	2.0×10^{-4}	下调
	pme1506	山柰酚-7-O-鼠李糖苷	1.22	0.30	下调
	pme3514	桑色素水合物	1.25	0.25	下调
酚类-类黄酮类-黄烷醇-儿茶素及其衍生物	pme2478	原儿茶醛	1.63	17.66	上调
	pme0450	表儿茶素	1.95	0.26	下调

附表2 LKCOR (0.05mmol·L⁻¹ KCl+10nmol·L⁻¹ COR)/HK (2.5mmol·L⁻¹ KCl)，棉花根系 AWF 中显著差异代谢物

物质类别	物质编号	物质名称	VIP值	差异倍数	差异类型
酚类-类黄酮类-异黄酮	pme1587	大豆苷	2.27	33.53	上调
酚类-简单酚类-羟基肉桂酰衍生物	pmb0475	没食子酸-O-阿魏酰己糖苷-O-己糖苷	1.15	5.89	上调
	pme0306	阿魏酸	1.28	3.48	上调
	pme1436	4-香豆酸	1.03	4.34	上调
	pme1646	松脂醇	2.62	$9.6×10^3$	上调
	pme3216	松柏苷	1.33	4.98	上调
	pme3456	香豆醛	2.12	12.10	上调
	pmb2933	咖啡酰酒石酸	1.25	0.12	下调
	pme0424	反式肉桂醛	1.83	0.29	下调
	pme3459	咖啡醇	1.26	0.47	下调
酚类-简单酚类-香豆素及其衍生物	pme0391	4-甲基伞形酮	1.17	6.20	上调
	pme3416	秦皮乙素	1.01	4.19	上调
	pmb0235	阿魏酰香豆素	2.72	$1.0×10^{-4}$	下调
	pmb2601	7-羟基香豆素鼠李糖苷	1.97	0.14	下调
	pmb4777	4-羟基-7-氧甲基香豆素鼠李糖苷	2.41	$4.0×10^{-4}$	下调
	pme3140	6-羟基-4-甲基香豆素	1.04	0.23	下调
酚类-简单酚类-奎宁酸及其衍生物	pmb3317	奎宁酰丁香酸	1.8	6.30	上调
	pmb3056	高香草酰奎宁酸	2.62	$1.0×10^{-4}$	下调
	pmb3075	3-O-对香豆酰莽草酸	1.43	0.12	下调
	pme0401	绿原酸甲酯	1.43	0.13	下调

（续）

物质类别	物质编号	物质名称	VIP值	差异倍数	差异类型
酚类-简单酚类-苯甲酸衍生物	pme0309	没食子酸甲酯	2.47	$3.4×10^3$	上调
	pme1162	没食子酸	1.09	4.94	上调
	pme3198	2，4-二羟基苯甲酸	1.02	4.22	上调
生物碱	pmb0037	大麦芽碱	2.05	$1.6×10^5$	上调
生物碱-季胺类	pme1828	甜菜碱	1.14	5.76	上调
生物碱-吲哚及其衍生物	pme2836	5-羟基吲哚-3-乙醇	1.2	2.45	上调
	pmb0818	甲氧基吲哚乙酸	1.18	0.16	下调
	pmb1096	吲哚	1.19	0.15	下调
	pme2244	吲哚-3-丙酸	2.58	$1.0×10^{-4}$	下调
生物碱-色胺及其衍生物	pme1453	褪黑激素（N-乙酰-5-甲氧基色胺）	1.32	10.25	上调
	pmb0774	羟基色胺	1.22	0.27	下调
	pme1417	色胺	1.27	0.24	下调
	pme2024	五羟色胺	1.88	0.15	下调
	pme2786	N-乙酰基五羟色胺	1.59	0.09	下调
酚胺	pma0170	N'，N''-二阿魏酰亚精胺	1.05	4.52	上调
	pma6262	N'-对香豆酰精胺	1.93	5.99	上调
	pmb0130	乙酰色胺	1.32	5.30	上调
	pmb0501	胍丁胺	1.15	6.28	上调

附表2 LKCOR (0.05mmol·L⁻¹ KCl+10nmol·L⁻¹ COR)/HK (2.5mmol·L⁻¹ KCl)，棉花根系 AWF 中显著差异代谢物

（续）

物质类别	物质编号	物质名称	VIP值	差异倍数	差异类型
酚胺	pmb0771	阿魏酰酪胺	2.32	1.4×10^3	上调
	pme2693	N-乙酰丁二胺	1.15	6.13	上调
	pmb0493	N'-对香豆酰基胍丁胺	1.99	0.13	下调
	pmb0494	N-芥子酰腐胺	2.63	1.0×10^{-4}	下调
	pmb0498	芥子酰胍丁胺	1.32	0.22	下调
	pmb0505	N'-对香豆酰基腐胺	2.71	1.0×10^{-4}	下调
其他	pmb0767	二氢鞘氨醇	1.43	10.38	上调
	pme0412	莴苣苦素	1.21	7.41	上调
	pme1299	3，4-二羟基杏仁酸	2.73	1.9×10^4	上调
	pmb0374	乙酰苯胺	1.73	0.02	下调
	pmb2556	丁香酰甲醛-O-葡萄糖苷	1.74	0.24	下调
	pme0516	肌醇	1.17	0.16	下调
	pme2366	2-苯乙胺	1.03	0.24	下调
	pme2828	4-硝基苯酚	1.21	0.14	下调
	pme2830	邻磷酰乙醇胺	1.4	0.07	下调

注：VIP值为变量重要性投影，VIP值 大于等于 1 表示差异显著；小于 0.01 和大于 1 000 的数字采用科学计数法表示。

附表 3 **LKCOR** (0.05mmol · L⁻¹ KCl · L⁻¹ KCl+10nmol · L⁻¹ COR)/**LK** (0.05mmol · L⁻¹ KCl),
棉花根系 AWF 中显著差异代谢物

物质类别	物质编号	物质名称	VIP值	差异倍数	差异类型
氨基酸	pme2054	L-色氨酸	1.56	17.91	上调
	pme0007	L-瓜氨酸	1.26	0.32	下调
	pme0009	L-丝氨酸	1.05	0.28	下调
	pme0016	L-(一)-胱氨酸	1.21	0.18	下调
	pme0226	L-天冬酰胺	1.13	0.23	下调
氨基酸衍生物	pmb2591	乙酰色氨酸	3.09	7.3×10⁴	上调
	pme0066	乙酰肌	1.61	4.00	上调
	pme0164	N-γ-乙酰基-N-2-甲酰基-5-甲基犬尿氨酸	2.01	49.83	上调
	pme1313	N′-甲酰基犬尿氨酸	1.08	3.98	上调
	pme0120	5-氨基戊酸	1.12	0.20	下调
	pme0129	D-丙氨酰-D-丙氨酸	1.05	0.28	下调
	pme0170	N-α-乙酰-L-精氨酸	1.04	0.28	下调
	pme0173	丙甘氨酸	1.21	0.19	下调
	pme0180	1-甲基组氨酸	1.21	0.18	下调
	pme1005	3-氯-L-酪氨酸	1.79	0.16	下调

附表3 LKCOR (0.05mmol·L⁻¹ KCl+10nmol·L⁻¹ COR)/LK (0.05mmol·L⁻¹ KCl)，棉花根系 AWF中显著差异代谢物

（续）

物质类别	物质编号	物质名称	VIP值	差异倍数	差异类型
氨基酸衍生物	pme1239	S-甲基谷胱甘肽	1.89	0.17	下调
	pme1368	L-哌啶酸	1.18	0.20	下调
	pme1419	L-甲硫氨酸甲酯	3.01	3.0×10^{-5}	下调
	pme2617	甲硫氨酸亚砜	2.11	2.9×10^{-5}	下调
	pme3179	半胱氨酰甘氨酸	1.34	0.24	下调
	pme3388	高精氨酸	2.98	3.8×10^{-5}	下调
有机酸及其衍生物	pme0049	2-氨基乙烷亚磺酸	2.82	9.7×10^{3}	上调
	pme0085	迷迭香酸	1.24	5.93	上调
	pme2550	顺式乌头酸	1.32	3.78	上调
	pme2601	3-羟基丙酸	1.09	3.96	上调
	pme0237	3,4-二羟基苯甲酸乙酯（安息香酸）	1.28	0.36	下调
	pme0239	2-吡啶甲酸	1.14	0.22	下调
	pme0270	马来酸（顺丁烯二酸）	1.03	0.27	下调
	pme0272	苯乙醛酸	1.99	0.33	下调
	pme2021	DL-甘油酸	2.02	0.22	下调
	pme2129	羟基异己酸乙酯	1.32	0.49	下调
	pme2169	延胡索酸	3.26	5.3×10^{-6}	下调
	pme2884	眯基牛磺酸	1.21	0.38	下调
	pme2923	乙酰氧基乙酸	1.46	0.18	下调

（续）

物质类别	物质编号	物质名称	VIP值	差异倍数	差异类型
核苷酸及其衍生物	pmb0964	异戊烯基-7-葡萄糖苷	2.62	37.21	上调
	pmb2684	腺苷-3′-5′-环单磷酸	1.22	5.54	上调
	pme1097	腺嘌呤	1.45	10.94	上调
	pme1107	鸟嘌呤	1.01	3.25	上调
	pme1181	2′-脱氧鸟苷	3.21	2.4×10^5	上调
	pme3835	鸟苷-3′,5′-环一磷酸	1.09	3.93	上调
	pmb2948	腺苷-3′-单磷酸	1.35	0.20	下调
	pmc0066	2′-脱氧肌苷-5′-磷酸	1.36	0.20	下调
	pme0165	1-甲基黄嘌呤	1.14	0.45	下调
	pme0182	2-羟基-6-氨基嘌呤	1.20	0.19	下调
	pme1175	鸟苷	1.08	0.27	下调
	pme1266	3-甲基黄嘌呤	1.88	0.27	下调
	pme1376	2′-脱氧胞苷-5′-单磷酸	2.84	9.7×10^{-5}	下调
	pme2801	7-甲基黄嘌呤	1.48	0.18	下调
	pme3174	胞苷-5-单磷酸	1.26	0.16	下调
	pme3200	1-甲基肌	1.34	0.38	下调
	pme3982	阿糖腺苷	1.07	0.27	下调

（续）

物质类别	物质编号	物质名称	VIP值	差异倍数	差异类型
维生素类	pme0496	烟酸	1.09	3.88	上调
	pmb0790	吡哆醇-O-二己糖苷	1.01	3.39	上调
	pme1281	磷酸吡哆醛	1.42	3.93	上调
	pme1303	5-磷酸吡哆醇	1.24	3.38	上调
	pme3480	泛酰巯基乙胺	1.03	3.48	上调
	pme1709	烟酸甲酯	1.37	0.23	下调
胆碱类	pma6270	sn-甘油-3-磷酸胆碱	1.51	0.07	下调
糖类	pmb2507	2-脱氧核糖-1-磷酸	3.12	1.4×10^{-5}	下调
	pme2253	古洛糖酸内酯	1.39	0.28	下调
	pme3705	葡萄糖醛酸	1.11	0.24	下调
糖类-醇类和多元醇	pme2237	己六醇	1.05	3.93	上调
	pme2529	1,5-酐-D-山梨糖醇	1.28	0.14	下调
脂质-脂肪酸	pma0461	14,15-脱氢孕参油酸	1.09	7.02	上调
	pmb0885	4-氧代-十八碳四烯酸	1.76	2.44	上调
脂质-甘油酯	pmb0287	单酰甘油酯（酰基18:4）异构2	2.70	2.3×10^{-4}	下调
脂质-甘油磷脂	pmb2406	溶血磷脂酰胆碱17:0	1.71	0.20	下调

（续）

物质类别	物质编号	物质名称	VIP值	差异倍数	差异类型
酚类-类黄酮类-黄酮	pma0249	羟甲基黄酮-5-O-己糖苷	2.39	39.40	上调
	pma0760	羟甲基黄酮-O-丙二酰己糖苷	2.90	1.5×10^4	上调
	pmb0569	丁香亭-5-O-己糖苷	2.78	7.1×10^3	上调
	pmb3000	金圣草黄素-O-乙酰基己糖苷	2.17	15.36	上调
	pme0088	木犀草素	1.94	70.82	上调
	pme1611	异牡荆葡萄糖苷	2.23	11.27	上调
	pmb0622	C-己糖基木犀草素-O-己糖苷	1.19	2.38	上调
	pmb3023	圣草酚-C-己糖	1.36	8.38	上调
	pmb3024	木犀草素-C-己糖苷	1.15	2.23	上调
	pme1662	樱花素	2.73	2.0×10^{-4}	下调
	pme3303	五羟黄酮	1.64	0.09	下调
	pmb3049	麦黄酮-4'-O-丁香醇醚-7-O-己糖苷	1.59	3.0×10^{-3}	下调
酚类-类黄酮类-黄烷酮	pma0791	柚皮素-O-丙二酰己糖苷	1.50	6.08	上调
	pme2984	枸橘苷	1.13	10.84	上调
	pmb0686	圣草酚-O-丙二酰己糖苷	1.40	0.22	下调
	pme3282	阿福豆素	2.23	0.13	下调

（续）

物质类别	物质编号	物质名称	VIP 值	差异倍数	差异类型
酚类-类黄酮类-黄酮醇	pme0370	山柰酚-3-O-芸香糖苷	1.06	4.57	上调
	pme1551	杨梅苷	1.45	4.96	上调
	pme1606	山柰酚-3-O-洋槐糖苷	1.20	3.28	上调
	pme2963	二氢山柰酚	1.40	5.15	上调
	pme0199	槲皮素	2.76	1.6×10^{-1}	下调
	pme1521	紫杉叶素	1.09	0.25	下调
	pme3514	桑色素水合物	1.29	0.31	下调
酚类-类黄酮类-异黄酮	pme1587	大豆苷	2.38	18.73	上调
	pme3208	黄豆黄苷	2.15	17.06	上调
酚类-简单酚类-羟基肉桂酸衍生物	pma6599	6-羟甲基脱肠草素	1.13	4.44	上调
	pme1646	松脂醇	2.13	13.56	上调
	pme3443	芥子醛	1.08	3.90	上调
	pma6561	咖啡酰-O-葡萄糖苷	1.41	0.20	下调
	pmb2620	3,4-二甲氧基肉桂酸	1.05	0.28	下调
	pmb2933	咖啡酰酒石酸	1.22	0.18	下调
	pme0424	反式肉桂醛	1.96	0.32	下调
	pme3245	美迪紫檀素	1.22	0.18	下调
	pme3246	松柏苷	1.27	0.16	下调

（续）

物质类别	物质编号	物质名称	VIP值	差异倍数	差异类型
酚类-简单酚类-香豆素及其衍生物	pme3428	秦皮甲素	1.09	4.11	上调
	pmb2601	7-羟基香豆素鼠李糖苷	1.94	0.32	下调
	pmb4777	4-羟基-7-氧甲基香豆素鼠李糖苷	2.60	4.2×10^{-4}	下调
	pme2996	4-羟基香豆素	1.54	0.17	下调
	pme3553	补骨脂素	3.07	0.00	下调
酚类-简单酚类-奎宁酸及其衍生物	pmb3066	5-O-对香豆酰莽草酸-O-己糖苷	2.68	3.8×10^{3}	上调
	pmb3317	奎宁酰丁香酸	1.93	5.42	上调
	pmb3056	高香草酰奎宁酸	2.79	1.4×10^{-4}	下调
	pmb3075	3-O-对香豆酰莽草酸	1.22	0.35	下调
	pme0401	绿原酸甲酯	1.31	0.29	下调
生物碱	pmb0037	大麦芽碱	2.21	1.6×10^{5}	上调
生物碱-喹啉类	pmb0785	异喹啉	2.71	4.6×10^{3}	上调
	pmb2849	喜树碱	2.10	0.12	下调
生物碱-吲哚及其衍生物	pmb0818	甲氧基吲哚乙酸	1.55	18.20	上调
	pmb0819	3-吲哚乙腈	1.16	0.22	下调
	pme0543	吲哚-5-甲酸	1.30	0.17	下调
	pme2720	吲哚-3-甲醛	1.08	0.27	下调

（续）

物质类别	物质编号	物质名称	VIP 值	差异倍数	差异类型
生物碱-色胺及其衍生物	pmb0769	对香豆酰五羟色胺己糖苷	1.06	4.23	上调
	pmb0774	羟基色胺	1.85	2.6×10^3	上调
	pme1417	色胺	1.88	3.5×10^3	上调
	pme1453	褪黑激素（N-乙酰-5-甲氧基色胺）	1.12	4.40	上调
	pme2024	五羟色胺	1.03	1.2×10^3	上调
	pme2786	N-乙酰基五羟色胺	2.01	1.2×10^4	上调
生物碱-吡啶	pme3333	1，4-二氢-1-甲基-4-氧代-3-吡啶甲酰胺	1.07	0.27	下调
酚胺	pma0170	N'，N''-二阿魏酰亚精胺	1.03	3.53	上调
	pma1839	芥子酰尸胺	3.00	32 407.41	上调
	pma6262	N'-对香豆酰精胺	2.11	7.30	上调
	pmb0130	乙酰色胺	1.30	3.24	上调
	pmb0493	N'-对香豆酰基胍丁胺	1.09	2 819.19	上调
	pmb0488	亚精胺	1.05	0.28	下调
	pmb0494	N-芥子酰腐胺	2.86	8.6×10^{-5}	下调
	pmb0498	芥子酰胍丁胺	1.24	0.37	下调
	pmb0505	N'-对香豆酰基腐胺	2.03	7.1×10^{-5}	下调
	pme2292	腐胺	1.06	0.28	下调

（续）

物质类别	物质编号	物质名称	VIP 值	差异倍数	差异类型
其他	pmb0767	二氢鞘氨醇	1.31	4.17	上调
	pme0412	莴苣苦素	3.03	$3.8×10^1$	上调
	pmb0069	苯甲酰胺	1.33	0.13	下调
	pmb2556	丁香酰甲醛-O-葡萄糖苷	2.05	0.12	下调
	pme0516	肌醇	1.09	0.25	下调
	pme2366	2-苯乙胺	1.38	0.11	下调
	pme3381	3-羟基乙酸苯酯	1.51	0.15	下调

注：VIP 值为变量重要性投影，VIP 值大于等于 1 表示差异显著；小于 0.01 和大于 1 000 的数字采用科学计数法表示。

附表 4 **LK**（0.05mmol·L^{-1} KCl）/**HK**（2.5mmol·L^{-1} KCl），
棉花子叶 AWF 中显著差异代谢物

物质类别	物质编号	物质名称	VIP 值	差异倍数	差异类型
氨基酸	pme0011	L-天冬氨酸	1.85	0.23	下调
氨基酸衍生物	pme3384	N-乙酰基苏氨酸	1.03	2.38	上调
	pme1090	还原型谷胱甘肽	1.05	2.70	上调
	pmb0468	N-甲酰甲硫氨酸	2.25	0.47	下调
	pmb2873	3-（2-萘基）-D-丙氨酸	1.79	0.26	下调
	pme0056	2,3-二甲基丁氨酸	1.11	0.43	下调
	pme0118	吡咯-2-羧酸	3.16	4.8×10^{-4}	下调
	pme0171	N-异戊酰氨基乙酸	1.27	0.47	下调
	pme0176	N-苯乙酰基-L-谷氨酰胺	1.61	0.35	下调
	pme1055	L-大尿氨酸	1.58	0.30	下调
	pme1313	N'-甲酰基大尿氨酸	1.26	0.27	下调
	pme2735	S-腺苷甲硫氨酸	1.16	0.19	下调
	pme2853	己酰甘氨酸	1.37	0.46	下调

（续）

物质类别	物质编号	物质名称	VIP值	差异倍数	差异类型
有机酸及其衍生物	pma6281	甲基戊二酸	1.26	7.14	上调
	pme0049	2-氨基乙烷亚磺酸	2.55	6.39	上调
	pme0239	2-呋喃甲酸	1.06	2.71	上调
	pme2169	延胡索酸	1.05	2.54	上调
	pme3009	反式乌头酸	1.64	3.17	上调
	pme3093	（S）-2-（4-氨基丁酰氨基）-3-（1-甲基-1H-咪唑-5-基）丙酸	3.2	2.7×10^3	上调
	pme3146	B-脲基异丁酸	1.18	4.26	上调
	pme0245	己二酸	1.09	0.45	下调
	pme0272	苯乙醛酸	1.55	0.36	下调
	pme0292	3,4-二甲氧基苯乙酸	1.01	0.49	下调
	pme1977	辛二酸	1.01	0.43	下调
	pme2541	α-羟基异丁酸	1.38	0.47	下调
	pme2601	3-羟基丙酸	1.36	0.48	下调
	pme3309	2-甲基丁二酸	1.09	0.45	下调
核苷酸及其衍生物	pme2776	2-脱氧肌苷	2.53	2.1×10^4	上调
	pmc0066	2'-脱氧肌苷-5'-磷酸	1.48	7.93	上调
	pmb2684	腺苷-3'-5'-环单磷酸	1.62	0.43	下调

附表4 LK (0.05mmol·L⁻¹ KCl)/HK (2.5mmol·L⁻¹ KCl)，棉花子叶 AWF 中显著差异代谢物

（续）

物质类别	物质编号	物质名称	VIP 值	差异倍数	差异类型
核苷酸及其衍生物	pme0031	胸腺嘧啶	2.35	0.37	下调
	pme0130	3-甲基黄嘌呤	1.39	0.49	下调
	pme1097	腺嘌呤	1.13	0.35	下调
	pme1473	5-脱氧-5-甲硫腺苷	1.57	0.33	下调
	pme1692	5'-肌苷酸	1.33	0.49	下调
维生素类	pme1281	磷酸吡哆醛	1.13	2.72	上调
	pme1709	烟酸甲酯	1.23	756.00	上调
	pme1949	核黄素	1.2	2.45	上调
	pme0489	N-甲基烟酰胺	1.05	0.40	下调
	pme0491	6-羟基烟酸	1.06	0.40	下调
	pmb2648	硫胺素	1.12	0.48	下调
胆碱类	pma6270	sn-甘油-3-磷酸胆碱	1.35	4.15	上调
糖类	pmb2685	2-脱氧核糖-5'-磷酸	1.33	$2.8×10^3$	上调
	pme0519	D-（+）-蔗糖	1.07	0.19	下调
糖类-醇类和多元醇	pme1261	DL-泛酰醇	1.38	0.23	下调
	pme2134	苏糖醇	2.25	0.29	下调
脂质-脂肪酸	pmb2789	13-过氧十八碳三烯酸	1.07	0.43	下调
	pmb2791	9-羟基过氧十八碳三烯酸	1.6	0.42	下调
	pmb2799	12，13-环氧十八碳二烯酸	1.59	0.29	下调
	pmb2804	13-过氧十八碳二烯酸	1.15	0.31	下调

（续）

物质类别	物质编号	物质名称	VIP值	差异倍数	差异类型
脂质-甘油酯	pmb2325	单酰甘油酯（酰基18：3）异构2	1.2	0.48	下调
脂质-甘油磷脂	pmd0145	溶血磷脂酰胆碱20：1	1.87	0.48	下调
酚类-类黄酮类-黄酮	pme0359	芹菜素-5-O-葡萄糖苷	1.34	3.2×10^3	上调
	pme0363	金圣草（黄）素	2.16	1.7×10^3	上调
	pmb0618	8-C-己糖基橙皮素-O-己糖苷	1.37	4.6×10^3	上调
	pmb0665	木犀草素8-C-己糖苷-O-己糖苷	2.67	8.19	上调
	pme1662	樱花素	2.28	0.17	下调
	pma1108	芹菜素-C-葡萄糖苷	3.41	1.4×10^{-4}	下调
	pma6515	C-己糖基白杨素-O-阿魏酰己糖苷	2.12	0.38	下调
	pme0374	异牡荆素	1.66	0.22	下调
	pme3224	牡荆素-2-O-鼠李糖苷	1.33	0.46	下调
酚类-类黄酮类-黄烷酮	pme2984	枸橘苷	2.29	3.2×10^3	上调
	pme0001	新橙皮苷	1.54	0.19	下调
	pme0330	柚皮素-7-O-新橘皮糖苷（柚皮苷）	1.43	0.22	下调
	pme2949	橙皮苷	1.53	0.20	下调
	pme3235	甘草素	2.06	0.41	下调
	pme3464	异樱花亭	2.09	0.12	下调

附表4 LK（0.05mmol·L^{-1} KCl）/HK（2.5mmol·L^{-1} KCl），棉花子叶 AWF 中显著差异代谢物

（续）

物质类别	物质编号	物质名称	VIP值	差异倍数	差异类型
酚类-类黄酮类-黄酮醇	pmb0711	槲皮素-7-O-芸香糖苷	1.55	6.39	上调
	pme0361	扁蓄苷	1.55	6.22	上调
	pme1502	华良姜素	1.21	623.00	上调
	pmb0706	槲皮素-5-O-己糖苷-O-丙二酰己糖苷	1.32	4.6×10^{-4}	下调
	pme1551	杨梅苷	1.09	0.01	下调
	pme3288	3，7-二-O-甲基槲皮素	1.83	0.09	下调
酚类-类黄酮类-黄烷醇-儿茶素及其衍生物	pme1562	表儿茶素没食子酸	1.04	0.22	下调
酚类-类黄酮类-花青素	pme0443	锦葵色素-3-O-半乳糖苷	1.09	0.40	下调
	pme0444	锦葵色素-3-O-葡萄糖苷	1.1	0.39	下调
酚类-类黄酮类-异黄酮	pme3210	染料木苷	1.44	2.02	上调
	pme3230	毛蕊异黄酮	2.2	1.9×10^{3}	上调
	pme3251	黄豆黄素	2.95	1.4×10^{3}	上调
酚类-简单酚类-羟基肉桂酰衍生物	pmb0475	没食子酸-O-阿魏酰己糖苷-O-己糖苷	1.01	3.37	上调
	pme3446	芥子醛	2.39	4.95	上调
	pme0307	白藜芦醇	1.9	0.42	下调
	pme0394	邻甲氧基苯甲酸	1.35	0.24	下调
	pme3245	美迪紫檀素	2.19	0.45	下调
酚类-简单酚类-香豆素及其衍生物	pme3416	秦皮乙素	1.12	2.08	上调

（续）

物质类别	物质编号	物质名称	VIP值	差异倍数	差异类型
酚类-简单酚类-奎宁酸及其衍生物	pmb3058	奎宁酸-O-葡萄糖醛酸	1.02	2.19	上调
	pmb3072	3-O-对香豆酰莽草酸-O-己糖苷	1.14	3.14	上调
	pme1816	新绿原酸	2.32	4.9×10^3	上调
	pme2901	1-咖啡酰奎宁酸	2.39	5.24	上调
	pme0398	绿原酸	2.65	0.10	下调
酚类-简单酚类-苯甲酸衍生物	pme3137	3,4,5-三甲氧基苯甲酸	1.3	1.9×10^3	上调
	pme0309	没食子酸甲酯	2.12	0.32	下调
	pme1162	没食子酸	1.57	0.46	下调
生物碱	pmb0785	异喹啉	1.1	0.38	下调
酚胺	pma0170	N′,N″-二阿魏酰亚精胺	1.23	3.99	上调
	pmb0501	胍丁胺	1.25	3.53	上调
	pme2292	腐胺	4.06	3.1×10^5	上调
	pme2693	N-乙酰丁二胺	1.2	3.18	上调
其他	pmb0764	4-甲基-5-噻唑乙醇	1.08	2.79	上调
	pmb1240	黄体素F	1.28	3.69	上调
	pme2108	L-肉碱	1.63	9.93	上调
	pme2828	4-硝基苯酚	1.27	3.55	上调
	pmb3079	N-乙酰葡萄糖胺 1-磷酸	1.5	0.41	下调
	pme1665	皂草苷	1.5	0.27	下调

注：VIP值为变量重要性投影，VIP值大于等于1表示差异显著；小于0.01和大于1 000的数字采用科学计数法表示。

附表 5 LKCOR（0.05mmol・L⁻¹ KCl＋10nmol・L⁻¹ COR）/HK（2.5mmol・L⁻¹ KCl），棉花子叶 AWF 中显著差异代谢物

物质类别	物质编号	物质名称	VIP 值	差异倍数	差异类型
氨基酸衍生物	pmb3264	氧化型谷胱甘肽	1.23	3.00	上调
	pme0075	N-乙酰-L-谷氨酸	1.38	4.07	上调
	pme0137	N-乙酰-L-谷氨酰胺	1.15	2.59	上调
	pme0164	N-γ-乙酰基-N-2-甲酰基-5-甲基大尿氨酸	1.72	4.94	上调
	pme1090	还原型谷胱甘肽	1.24	3.14	上调
	pme2914	3-羟基-3-甲基谷氨酸	1.38	4.09	上调
	pmb0410	L-半胱氨酸-D-γ-谷氨酰基-2-（三甲基铵基）乙酯	1.32	6.8×10⁻⁴	下调
	pme0118	吡咯-2-羧酸	1.40	0.43	下调
	pme1055	L-犬尿氨酸	1.05	0.42	下调
	pme1313	N'-甲酰基大尿氨酸	1.14	0.34	下调
	pme3030	N-乙酰半胱氨酸	2.31	0.34	下调
有机酸及其衍生物	pma6281	甲基戊二酸	1.17	4.31	上调
	pmb2826	甲基苹果酸	1.10	2.55	上调
	pme0024	2-氢基乙烷磺酸	1.05	2.51	上调
	pme0049	2-氨基乙烷亚磺酸	2.41	3.05	上调

（续）

物质类别	物质编号	物质名称	VIP值	差异倍数	差异类型
有机酸及其衍生物	pme0207	3-羟基丁酸	1.52	2.02	上调
	pme0486	甲基丙二酸	1.19	2.82	上调
	pme1292	尿黑酸	1.02	2.30	上调
	pme1830	琥珀酸	1.19	2.85	上调
	pme2033	L-苹果酸	1.20	2.92	上调
	pme2169	延胡索酸	1.14	2.64	上调
	pme2380	α-酮戊二酸	1.32	3.55	上调
	pme2589	2-氧代己二酸	1.08	2.43	上调
	pme2598	3,4-二羟基苯乙酸	1.11	2.72	上调
	pme2884	胨基牛磺酸	1.22	3.07	上调
	pme3009	反式乌头酸	1.70	3.65	上调
	pme3093	(S)-2-(4-氨基丁酰氨基)-3-(1-甲基-1H-咪唑-5-基)丙酸	3.21	2.8×10^3	上调
	pme3096	氨基丙二酸	1.17	2.75	上调
	pme3146	B-脲基异丁酸	2.35	6.08	上调
	pme3154	3,5-二羟基-3-甲基戊酸	1.10	2.56	上调
	pme3207	反,反-粘康酸	2.20	0.14	下调

附表5 LKCOR (0.05mmol·L⁻¹ KCl + 10nmol·L⁻¹ COR)/HK (2.5mmol·L⁻¹ KCl)，棉花子叶 AWF 中显著差异代谢物

物质类别	物质编号	物质名称	VIP值	差异倍数	差异类型
核苷酸及其衍生物	pmc0066	2′-脱氧肌苷-5′-磷酸	1.21	3.04	上调
	pme2776	2-脱氧肌苷	1.48	1.2×10^4	上调
	pme3007	尿苷 5′-二磷酸	1.50	2.38	上调
	pme3104	1-甲基腺嘌呤	1.19	3.14	上调
	pme1473	5-脱氧-5-甲硫腺苷	1.00	0.47	下调
	pme1692	5′-肌苷酸	2.15	0.34	下调
维生素类	pmb0789	吡哆醇葡萄糖苷	1.10	2.59	上调
	pme1709	烟酸甲酯	1.25	671.00	上调
	pme1949	核黄素	1.63	3.48	上调
	pmb0801	吡哆醇-O-己糖苷	1.33	5.8×10^{-4}	下调
	pmb2648	硫胺素	1.21	0.35	下调
	pme0491	6-羟基烟酸	1.02	0.47	下调
糖类	pmb2685	2′-脱氧核糖-5′-磷酸	2.42	5.1×10^3	上调
	pmb3081	磷酸葡萄糖酸	1.09	2.65	上调
	pme1021	葡萄糖酸内酯	1.17	2.77	上调
	pme2253	古洛糖酸内酯	2.44	3.52	上调
	pma6455	核酮糖-5-磷酸	2.54	7.8×10^{-5}	下调
糖类-醇类和多元醇	pme1261	*DL*-泛酸醇	1.23	0.33	下调

（续）

物质类别	物质编号	物质名称	VIP值	差异倍数	差异类型
脂质-脂肪酸	pma3606	9-羟基-（10E, 12Z, 15Z）十八碳三烯酸	1.30	0.28	下调
	pmb2467	α-亚麻酸	1.33	0.27	下调
	pmb2787	13-酮十八碳二烯酸	3.13	8.5×10^{-4}	下调
	pmb2799	12, 13-环氧十八碳二烯酸	1.72	0.23	下调
脂质-甘油酯	pmb0160	单酰甘油油酯（酰基18：3）异构5	2.10	0.25	下调
	pmb0890	单酰甘油油酯（18：2）	1.05	0.36	下调
	pmb1605	单酰甘油油酯（酰基18：3）异构3	1.84	0.14	下调
	pmb2325	单酰甘油油酯（酰基18：3）异构2	2.32	0.08	下调
酚类-类黄酮类-黄酮	pma0795	五羟黄酮-O-丙二酰己糖苷	1.24	3.32	上调
	pmb0605	芹菜素-7-O-葡萄糖苷	1.29	3.50	上调
	pmb2999	金圣草黄素-5-O-己糖苷	1.24	3.50	上调
	pmb3000	金圣草黄素-O-乙酰基己糖苷	1.01	2.18	上调
	pmb3002	金圣草黄素-7-O-芸香糖苷	1.48	5.68	上调
	pme0363	金圣草（黄）素	2.17	882.00	上调
	pmb0665	木犀草素-8-C-己糖苷-O-己糖苷	2.71	7.12	上调
	pme0368	异野漆树苷	1.73	0.17	下调
	pme1662	樱花素	2.34	0.17	下调
	pmb0746	麦黄酮-4′-O-愈创木基甘油醚	1.35	0.47	下调
	pma1108	芹菜素-C-葡萄糖苷	1.47	0.46	下调
	pmb0673	芹菜素-6-C-戊糖苷	2.40	0.34	下调

（续）

物质类别	物质编号	物质名称	VIP值	差异倍数	差异类型
酚类-类黄酮类-黄烷酮	pme1598	橙皮素-5-O-葡萄糖苷	1.31	3.92	上调
	pme0001	新橙皮苷	1.52	0.18	下调
	pme0330	柚皮素-7-O-新橘皮糖苷（柚皮苷）	1.40	0.24	下调
	pme2949	橙皮苷	1.44	0.22	下调
	pme3464	异樱花亭	1.35	0.35	下调
酚类-类黄酮类-黄酮醇	pmb0711	槲皮素-7-O-芸香糖苷	1.57	6.02	上调
	pme0197	槲皮素-3-O-芸香糖苷（芦丁）	1.45	5.15	上调
	pme0361	扁蓄苷	1.66	7.79	上调
	pme2963	二氢山柰酚	1.69	7.93	上调
	pme3129	绣线菊苷	1.28	3.71	上调
	pme3211	异槲皮苷	1.31	3.82	上调
	pmb0706	槲皮素-5-O-己糖苷-O-丙二酰己糖苷	1.35	4.6×10^{-4}	下调
	pme2493	山柰苷	2.34	0.00	下调
	pme3296	阿福豆苷（番泻叶山柰苷）	1.55	0.34	下调
酚类-类黄酮类-黄酮醇-儿茶素及其衍生物	pmb2831	咖啡酰原儿茶酸	1.21	3.10	上调
	pme0450	表儿茶素	1.39	2.7×10^{-4}	下调
酚类-类黄酮类-花青素	pme0442	花翠素	1.09	2.46	上调
	pme0434	原花青素 B_2	1.39	0.45	下调

（续）

物质类别	物质编号	物质名称	VIP值	差异倍数	差异类型
酚类-类黄酮类-异黄酮	pme3210	染料木苷	1.55	2.49	上调
	pme3230	毛蕊异黄酮	3.42	5.0×10^3	上调
	pme3251	黄豆黄素	3.38	4.1×10^3	上调
酚类-简单酚类-羟基肉桂酰衍生物	pma6561	咖啡酰-O-葡萄糖苷	1.16	2.75	上调
	pmb0475	没食子酸-O-阿魏酰己糖苷-O-己糖苷	1.29	5.02	上调
	pme0303	咖啡酸	1.46	4.80	上调
	pme0305	阿魏酸	1.26	3.28	上调
	pme0422	异阿魏酸	1.23	3.11	上调
	pme1637	松柏醇	1.27	3.62	上调
	pme1646	松脂醇	1.04	2.19	上调
	pme3246	松柏苷	1.16	2.77	上调
	pme3446	芥子醛	2.53	6.56	上调
	pme3456	香豆醛	1.47	2.23	上调
	pme0299	肉桂酸	1.35	0.45	下调
	pme0394	邻甲氧基苯甲酸	1.09	0.40	下调
酚类-简单酚类-香豆素及其衍生物	pmb4777	4-羟基-7-氧甲基香豆素鼠李糖苷	1.20	3.22	上调
	pme3416	秦皮乙素	1.61	6.19	上调
	pme3564	瑞香素	1.14	2.80	上调

附表5 LKCOR (0.05mmol·L⁻¹ KCl+10nmol·L⁻¹ COR)/HK (2.5mmol·L⁻¹ KCl)，棉花子叶 AWF 中显著差异代谢物

（续）

物质类别	物质编号	物质名称	VIP 值	差异倍数	差异类型
酚类-简单酚类-奎宁酸及其衍生物	pma6460	5-O-对香豆酰奎宁酸	1.12	2.86	上调
	pmb0751	5-O-对香豆酰莽草酸	1.10	2.79	上调
	pmb3056	高香草酰奎宁酸	1.07	2.41	上调
	pmb3058	奎宁酸-O-葡萄糖醛酸	1.78	9.05	上调
	pmb3059	奎宁酸-O-二葡萄糖酸	1.48	2.51	上调
	pmb3072	3-O-对香豆酰莽草酸-O-己糖苷	2.36	4.79	上调
	pmb3074	3-O-对香豆酰奎尼酸	1.23	3.42	上调
	pmb3075	3-O-对香豆酰莽草酸	1.17	2.98	上调
	pme1816	新绿原酸	3.75	2.6×10^4	上调
	pme2901	1-咖啡酰奎宁酸	3.10	26.50	上调
	pma0110	O-芥子酰奎宁酸	1.08	0.40	下调
	pme0398	绿原酸	3.81	0.00	下调
酚类-简单酚类-苯甲酸衍生物	pmb1587	4-羟基-3,5-二异丙基苯甲醛	1.28	4.18	上调
	pmb2871	2,5-二羟基苯甲酸-O-己糖苷	1.35	3.87	上调
	pmb2928	没食子酸-O-己糖苷	1.04	2.34	上调
	pme3437	3,4,5-三甲氧基苯甲酸	1.32	1.6×10^3	上调
	pme0309	没食子酸甲酯	2.18	0.31	下调
生物碱-吲哚及其衍生物	pme2836	5-羟基吲哚-3-乙醇	1.54	2.20	上调

（续）

物质类别	物质编号	物质名称	VIP值	差异倍数	差异类型
生物碱—色胺及其衍生物	pmb0770	阿魏酰五羟色胺	2.44	$6.5×10^3$	上调
	pme1417	色胺	1.17	3.08	上调
	pme1450	褪黑激素（N-乙酰-5-甲氧基色胺）	1.18	3.09	上调
生物碱-酪胺	pme1002	酪胺	1.15	2.99	上调
酚胺	pma0170	N′,N″,N‴二阿魏酰亚精胺	2.43	4.66	上调
	pmb0492	N′,N″,N‴-对香豆酰阿魏酰咖啡酰亚精胺	1.46	4.97	上调
	pmb0501	胍丁胺	1.16	2.74	上调
	pmb0503	N-(4'-O-糖基)-对香豆酰胺丁胺	1.03	2.51	上调
	pme2292	腐胺	4.12	$2.1×10^5$	上调
	pme2693	N-乙酰丁二胺	1.11	2.54	上调
	pmb0490	N-对香豆酰基腐胺	1.19	0.44	下调
其他	pme3151	2-脱氧核糖-5-磷酸钠	1.44	4.62	上调
	pme3983	阿糖肌苷	1.29	3.51	上调
	pmb0764	4-甲基-5-噻唑乙醇	1.29	3.56	上调
	pmb1240	黄体素F	1.20	3.05	上调
	pmb2556	丁香酰甲醛-O-葡萄糖苷	1.10	2.46	上调
	pme2108	L-肉碱	1.58	8.20	上调
	pme2828	4-硝基苯酚	1.12	3.15	下调
	pme1665	皂草苷	1.09	0.29	下调
	pme3186	DL-甘油醛-3-磷酸溶液	1.34	0.21	下调

注：VIP值为变量重要性投影，VIP值大于等于1表示差异显著；小于0.01和大于1 000的数字采用科学计数法表示。

附表6 **LKCOR** (0.05mmol · L⁻¹ KCl＋10nmol · L⁻¹ COR)/**LK** (0.05mmol · L⁻¹ KCl), 棉花子叶 **AWF** 中显著差异代谢物

物质类别	物质编号	物质名称	VIP值	差异倍数	差异类型
氨基酸	pme0011	L-天冬氨酸	1.8	2.53	上调
氨基酸衍生物	pmb0468	N-甲酰甲硫氨酸	2.42	2.33	上调
	pmb0962	赖氨酸丁酸	1.38	3.70	上调
	pmb3264	氧化型谷胱甘肽	1.25	2.61	上调
	pme0118	吡咯-2-羧酸	2.26	886.00	上调
	pme0164	N-γ-乙酰基-N-2-甲酰基-5-甲基大尿酸	1.52	2.34	上调
	pme0171	N-异戊酰氨基乙酸	1.34	2.12	上调
	pme0176	N-苯乙酰基-L-谷氨酰胺	1.82	3.94	上调
	pmb0410	L-半胱氨酸-D-γ-谷氨酰基-2-（三甲基铵基）	1.35	6.5×10⁻¹	下调
	pme3030	N-乙酰半胱氨酸	1.18	0.46	下调
有机酸及其衍生物	pme0272	苯乙醛酸	1.54	2.10	上调
	pme0292	3，4-二甲氧基苯乙酸	2.32	3.82	上调
	pme1292	尿黑酸	1.84	3.08	上调
	pme1730	赤酮酸内酯	1.49	2.00	上调
	pme2598	3，4-二羟基苯乙酸	1.85	3.32	上调

（续）

物质类别	物质编号	物质名称	VIP值	差异倍数	差异类型
有机酸及其衍生物	pme2706	2，3-二羟基苯甲酸	1.12	2.05	上调
	pme0207	3-羟基丁酸	1.1	0.37	下调
	pme3207	反，反-粘康酸	1.58	0.12	下调
核苷酸及其衍生物	pme0130	3-甲基黄嘌呤	1.52	2.29	上调
	pme2798	7-甲基黄嘌呤	1.03	2.10	上调
维生素类	pme0489	N-甲基烟酰胺	1.05	2.26	上调
	pmb0801	吡哆醇-O-己糖苷	1.35	6.5×10^{-1}	下调
胆碱类	pmb0242	芥子酰胆碱	1.320 3	2.2	上调
	pma6270	sn-甘油-3-磷酸胆碱	1.165 4	0.38	下调
糖类	pma6155	D-（+）-蔗糖	1.25	2.83	上调
	pme0519	葡萄糖酸内酯	1.67	2.56	上调
	pme1021	D-（+）-无水葡萄糖	1.64	2.17	上调
	pme1846	古洛糖酸内酯	1.51	2.09	上调
	pme2253	葡萄糖醛酸	1.61	2.16	上调
	pme3705	核酮糖-5-磷酸	2.69	4.5×10^{-5}	下调
糖类-醇类和多元醇	pme0513	木糖醇	2.667 3	18.05	上调
	pme2237	己六醇	1.437 5	2.09	上调

附表6 LKCOR (0.05mmol·L⁻¹ KCl+ 10nmol·L⁻¹ COR)/LK (0.05mmol·L⁻¹ KCl)，棉花子叶 AWF 中显著差异代谢物

（续）

物质类别	物质编号	物质名称	VIP值	差异倍数	差异类型
脂质-脂肪酸	pmb2786	9-羟基十八碳三烯酸	1.53	2.93	上调
	pmb2467	α-亚麻酸	1.05	0.22	下调
	pmb2787	13-酮十八碳二烯酸	2.19	$1.4×10^{-3}$	下调
脂质-甘油酯	pmb0160	单酰甘油酯（酰基 18:3）异构 5	2.12	0.29	下调
	pmb1605	单酰甘油酯（酰基 18:3）异构 3	1.55	0.33	下调
	pmb2325	单酰甘油酯（酰基 18:3）异构 2	1.25	0.17	下调
脂质-甘油磷脂	pmb2165	溶血磷脂酰胆碱（1-酰基 10:0）	1.48	2.23	上调
	pmb0865	溶血磷脂酰胆碱 18:3（2n 异构）	1.03	0.16	下调
酚类-类黄酮类-黄酮	pmb0576	芹菜素-O-丙二酰己糖苷	1.29	3.10	上调
	pmb0605	芹菜素-7-O-葡萄糖苷	1.01	2.16	上调
	pme0088	木犀草素	1.55	2.71	上调
	pma1108	芹菜素-C-葡萄糖苷	2.46	$3.3×10^{3}$	上调
	pme0374	异牡荆素	1.47	2.47	上调
	pme0359	芹菜素 5-O-葡萄糖苷	1.43	0.00	下调
	pme0368	异野漆树苷	1.53	0.37	下调
	pmb0618	8-C-己糖基-橙皮素-O-己糖苷	1.43	$2.2×10^{-4}$	下调
	pmb0644	木犀草素-C-己糖苷	2.49	0.37	下调
	pmb0673	芹菜素 6-C-戊糖苷	2.52	0.27	下调

钾营养与棉花质外体氧化还原平衡

（续）

物质类别	物质编号	物质名称	VIP值	差异倍数	差异类型
酚类-类黄酮类-黄烷酮	pme3235	甘草素	2.19	2.15	上调
	pme3464	异樱花亭	1.02	2.95	上调
	pme2984	枸橘苷	2.42	$3.1×10^{-4}$	下调
酚类-类黄酮类-黄酮醇	pmb3894	3,7-二氧-甲基槲皮素	1.14	2.28	上调
	pme1539	异鼠李素-3-O-新橙皮糖苷	1.42	2.03	上调
	pme1551	杨梅苷	1.47	$6.1×10^{3}$	上调
	pme2963	二氢山柰酚	2.07	8.24	上调
	pme3288	3,7-二-O-甲基槲皮素	1.62	4.48	上调
	pme1502	华良姜素	1.27	$1.6×10^{-3}$	下调
	pme2493	山柰苷	3.4	$3.9×10^{-4}$	下调
酚类-类黄酮类-黄烷醇-儿茶素及其衍生物	pme1824	原儿茶酸	1.8	2.03	上调
	pme1514	表没食子酸儿茶素	1.54	2.45	上调
	pme0450	表儿茶素	1.44	$2.3×10^{-4}$	下调
酚类-类黄酮类-异黄酮	pme3230	毛蕊异黄酮	1.58	2.67	上调
	pme3251	黄豆黄素	1.22	2.86	上调
酚类-简单酚类-羟基肉桂酰衍生物	pma6561	咖啡酰-O-葡萄糖苷	1.23	2.52	上调
	pmb2620	3,4-二甲基氧基肉桂酸	1.44	2.15	上调
	pme0303	咖啡酸	1.83	2.49	上调

附表6 LKCOR (0.05mmol·L⁻¹ KCl+10nmol·L⁻¹ COR)/LK (0.05mmol·L⁻¹ KCl)，棉花子叶 AWF 中显著差异代谢物

（续）

物质类别	物质编号	物质名称	VIP值	差异倍数	差异类型
酚类-简单酚类-羟基肉桂酰衍生物	pme0305	阿魏酸	1.44	3.89	上调
	pme0307	白藜芦醇	2	2.33	上调
	pme0422	异阿魏酸	1.42	3.77	上调
	pme1637	松柏醇	1.47	2.17	上调
	pme1698	芥子酸	2.5	2.98	上调
	pme3246	松柏苷	1.25	2.62	上调
酚类-简单酚类-香豆素及其衍生物	pmb2601	7-羟基香豆素鼠李糖苷	1.63	2.79	上调
	pme3416	秦皮乙素	1.95	2.98	上调
酚类-简单酚类-奎宁酸及其衍生物	pmb3058	奎宁酸-O-葡萄糖醛酸	2.02	4.13	上调
	pme1806	绿原酸甲酯	1.68	2.25	上调
	pme1816	新绿原酸	1.94	5.30	上调
	pme2901	1-咖啡酰奎宁酸	1.61	5.06	上调
	pme0398	绿原酸	1.47	1.7×10^{-1}	下调
酚类-简单酚类-苯甲酸衍生物	pmb1587	4-羟基-3，5-二异丙基苯甲醛	1.19	2.01	上调
	pmb2871	2，5-二羟基苯甲酸-O-己糖苷	1.25	2.37	上调
	pmb2928	没食子酸-O-己糖苷	1.64	2.17	上调
	pme3198	2，4-二羟基苯甲酸	1.11	2.02	上调

物质类别	物质编号	物质名称	VIP 值	差异倍数	差异类型
生物碱	pme2155	可可碱	1.12	3.49	上调
生物碱-吲哚及其衍生物	pme0543	吲哚-5-甲酸	1.51	2.26	上调
生物碱-色胺及其衍生物	pmb0770	阿魏酰五羟色胺	2.52	6.4×10^{3}	上调
	pme1417	色胺	1.28	3.66	上调
酚胺	pmb0492	N′，N″，N‴-对香豆酰阿魏酰咖啡酰亚精胺	1.03	2.36	上调
其他	pme0516	肌醇	1.691 1	3.377 03	上调
	pme3186	DL-甘油醛-3-磷酸溶液	1.465 1	0.148 19	下调

注：VIP 值为变量重要性投影，VIP 值大于等于 1 表示差异显著；小于 0.01 和大于 1 000 的数字采用科学计数法表示。

主要术语中英文对照表

ZHUYAOSHUYUZHONGYINGWENDUIZHAOBIAO

英文缩写	英文全称	中文全称
AGC	automatic gain control	自动增益控制
APX	ascorbate peroxidase	抗坏血酸过氧化物酶
AWF	apoplastic washing fluid	质外体汁液
CAD	collisionally activated dissociation	碰撞活化电离
CAT	catalase	过氧化氢酶
CE	collision energy	碰撞能量
CUR	curtain gas	气帘气
DP	declustering potential	去簇电压
DTNB	5，5′- dithiobis - （2 - nitrobenzoic acid）	5，5′-二硫代双（2 -硝基苯甲酸）
ESI	electrospray ionization	电喷雾离子源
GPX	glutathione peroxidase	谷胱甘肽过氧化物酶
GSH	glutathione	还原型谷胱甘肽
GSSG	glutathione disulfide	氧化型谷胱甘肽
LC - MS/MS	liquid chromatography - tandem mass spectrometry	液相色谱-串联质谱
MRM	multiple reaction monitoring	多反应监测模式
MS/MS	tandem mass spectrometry	串联质谱
NADH	nicotinamide adenine dinucleotide	还原型烟酰胺腺嘌呤二核苷酸

（续）

英文缩写	英文全称	中文全称
NAD	nicotinamide adenine dinucleotide	氧化型烟酰胺腺嘌呤二核苷酸
NADPH	nicotinamide adenine dinucleotide phosphate	还原型烟酰胺腺嘌呤二核苷酸磷酸
NADP	nicotinamide adenine dinucleotide phosphate	氧化型烟酰胺腺嘌呤二核苷酸磷酸
NBT	2 - （4 - iodophenyl） - 3 - （4 - nitrophenyl）- 5 - phenyltetrazolium chloride hydrate	氯化硝基四氮唑蓝
PBS	sodium phosphate buffer	磷酸钠缓冲液
POD	peroxidase	过氧化物酶
ROS	reactive oxygen species	活性氧
SOD	superoxide dismutase	超氧化物歧化酶
SWF	symplast washing fluid	质内体汁液
UPLC	ultra - high performance liquid chromatography	超高效液相色谱

致谢
ZHIXIE

　　感谢河南科技学院为我提供了一个国际化和多元化的平台，让我可以更好地激发自己的潜能，钻心科研。感谢国家自然基金项目给我的科研提供强有力的支撑，让我感受到伟大的祖国科教兴国战略和人才强国战略已深入实施！感谢我校的薛惠云老师、李丽杰老师、徐丽娜老师、王素芳老师、贾佩佩老师一直以来热心的在实验的设计和论文的撰写中提供的意见和建议，因为他们积极提出的意见和建议促使了实验的顺利完成。感谢我的硕士研究生王果和冯康对本实验操作中的突出贡献及我的研究生李倩、刘佳在本实验中提供的大力支持与帮助，才使本研究顺利完成。本书引用了多位作者发表的研究成果与文献，倘若没有诸位作者的研究成果以供借鉴和启迪，实验和写作的难度将会大大增加。因为本人水平所限，在编写过程中会有不足或疏漏之处，还望各位读者批评指正。